这屁股我不要了！

你不知道的动物科学

李剑龙 —— 著

牛猫小分队 —— 绘

中信出版集团｜北京

图书在版编目（CIP）数据

这屁股我不要了！你不知道的动物科学 / 李剑龙著；
牛猫小分队绘 . -- 北京：中信出版社，2024.5（2024.8 重印）
ISBN 978-7-5217-5746-0

Ⅰ . ①这… Ⅱ . ①李… ②牛… Ⅲ . ①动物－少儿读
物 Ⅳ . ① Q95-49

中国国家版本馆 CIP 数据核字（2023）第 087904 号

这屁股我不要了！你不知道的动物科学

著　　者：李剑龙
绘　　者：牛猫小分队
出版发行：中信出版集团股份有限公司
　　　　　（北京市朝阳区东三环北路27号嘉铭中心　邮编　100020）
承 印 者：北京启航东方印刷有限公司

开　　本：880mm×1230mm　1/32　　　印　张：11.25　　　字　数：332千字
版　　次：2024年5月第1版　　　　　　印　次：2024年8月第5次印刷
书　　号：ISBN 978-7-5217-5746-0
定　　价：69.80元

出　　品：中信儿童书店
图书策划：好奇岛
总 策 划：鲍芳　　　　　　　　策划编辑：李跃娜　　　　责任编辑：李跃娜
营　　销：中信童书营销中心　　封面设计：李然　　　　　内文排版：牛猫小分队　李艳芝

在神奇的动物世界，一切皆有可能

胡立德

美国佐治亚理工学院机械工程与生物系教授

小时候，我们都会掰着手指头，从 1 数到 10。我想这可能就是为什么我们人类使用的计数系统大都是 10 进制的。设想，如果动物们也用"手指头"数数，它们能数到几呢？答案是，猫会跟我们一样从 1 数到 10，棘 螈 会数到 16，图拉蝾会数到 12，猪会数到 8，犀牛会数到 6，而马会数到 2。其中的奥妙，都藏在李剑龙所著的这本《这屁股我不要了！你不知道的动物科学》中。在他看来，动物世界有很多地方跟人类很像，又有很多地方让人大吃一惊。

第一次遇见李剑龙，是在 2015 年的菠萝科学奖颁奖现场。很多人说，物理学得好的人都是天才，天才是少数，而有幽默感的天才更是凤毛麟角。初识时我便窥见他的幽默细胞，这本漫画书更是处处展现了他的机智与风趣。从 2010 年至今，李剑龙写了脑洞漫画书《有本事来吃我呀》

和前沿科学漫画书"新科技驾到"系列，参与编辑过《〈三体〉中的物理学》，获得过多项科普奖。这本书是他的又一力作，我在生物力学领域研究了20多年，依然能从这本书中学到很多。

刚拿到李剑龙的书稿时，我就爱不释手。每每忍俊不禁，同时又受益匪浅。当看到某一页漫画很有趣时，我都忍不住发给我的朋友看。他的这些漫画能让你从不同角度了解神奇的动物。比如我曾经研究过袋熊的大便为什么是方形的。在看过书中的袋熊大肠结构之后，你会很容易明白原因。通过漫画传播科学真是一种很有效的方式，希望这本书将来能成为一个范例。

人类的一些行为，比如吃饭、上厕所、清洁、出行……我们都习以为常了，不觉得有什么特别，但是在动物界，这些平常的行为却很有意思。地球上的物种经过30

多亿年的进化，发展到今天的 100 多万种动物，而我们人类只是地球上的物种之一。读完李剑龙的这本书，你会发现，在神奇的动物世界，一切皆有可能。希望我们读过这本书之后，能够更加珍惜动物与环境，并时刻保有好奇心与幽默感。

让我们开始探险吧！

目录

/

CONTENTS

第 1 章

动物的疯狂生活

离下次拉屎还有

7
天

第 **2** 章

第 **3** 章

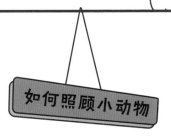

如何照顾小动物

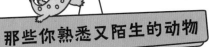

那些你熟悉又陌生的动物

谢耳朵

　　他是谢耳朵，也是本书的作者李剑龙。表面上看，他是一名高冷的理论物理学博士，跟野生动物八竿子也打不着。但自从和山小魈变成好朋友以后，他就动起了研究动物的心思。当然，这里所说的研究，主要指的是从搜索引擎上搜索论文学习，而不是真的拿动物做实验。

　　如果你对动物感兴趣，那可要认真看谢耳朵在漫画里是怎么说的哟！

　　注意，他叫山小 $\overset{xiǎo}{魈}$ ，可不是什么山小 $\overset{kuí}{魁}$ 。当然了，连他自己都分不清哪个是"魈"哪个是"魁"。他平时不好好学习，聪明劲儿全都用来胡思乱想和调皮捣蛋了。所以，一到正儿八经需要动脑筋的时候，他就着急发慌，丑态百出，啥都想不出来，最后还得靠谢耳朵帮他解围。

　　我们这本书里有许多他闹笑话的情景，你可千万不要错过哟！

动物的疯狂生活

第1章

Animals'
Crazy
Life

看，它们在吃屎！

在大自然中，有一种资源不但物美价廉，而且用途非常广泛，可以说是一种取之不尽、用之不竭的可再生资源，它就是屎。屎能有什么用呢？山小魁根本没时间去想。对他来说，当务之急是赶快把屎拉出来！

谢耳朵，我又想拉便便了，你再等我一会儿吧。

你又不是食草动物，怎么屎这么多？

 植物里的营养含量低，且不太容易消化，所以许多食草动物每天要吃很多植物，才能满足身体的需要。它们吃得多，自然拉得也多。

山小魈说完一回头，被眼前的情景吓了一跳。不知从哪儿冒出来的一只黑色甲虫，把他拉的便便滚成了一个圆球，然后屁股朝上头朝下，火急火燎地要把粪球拱走。

妈呀！
你这是干啥哩？

啊——

俺是来吃屎的啊，俺娶媳妇生娃就指望你这一团了。

蜣螂
qiāng láng
（俗称屎壳郎）

蜣螂的生活史

③

幼虫孵化出来以后，
开始吃粪球。

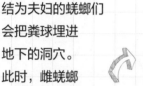

②

结为夫妇的蜣螂们
会把粪球埋进
地下的洞穴。
此时，雌蜣螂
会在每个粪球里
产下一枚卵。

④

几个星期以后，
幼虫变成了蛹。

呼噜

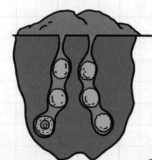

①

繁殖季节一到，
年轻的雄蜣螂
会到处寻找
新鲜的粪便，
并把它滚成球形。
粪球有了，
媳妇自然也会有的。

天生吃喝不愁！

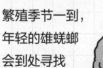

爬

⑤

又过了几个星期，
蛹变成了成虫。
它咬破粪球，
自己挖洞，
回到地面上。
从现在开始，
它可以找媳妇了！

雄蜣螂说:"把这个粪球推回家以后,媳妇就会跟俺一起把它埋了。接着,俺们钻到地下,媳妇把卵产在粪球里。等小宝宝孵出来,根本不用发愁没吃的啦!"

屎怎么能吃?
我读书少,
你不要骗我!

你啥意思啊?
屎怎么就
不能吃了?!

"屎里面有很多营养哟。比如,有蛋白质、脂肪和各种氨基酸,有维生素 A、B 族维生素、维生素 K 和亚油酸,还有钙、磷和多种微生物。"

(绘者:瞬间想起高考前我妈给我买的补品好像也是这些成分……)

吃屎还能讲出
一套一套的,
你比谢耳朵
还能扯啊!

吃屎的学问
博大精深,哪是
你等凡夫俗子
能理解的!

1 蜣螂更爱吃外地屎

美国内布拉斯加大学的科学家在分析了 9000 只蜣螂吃的屎之后发现，相比食草动物的屎，当地蜣螂更爱吃杂食动物的屎。并且，相比当地动物拉的屎，它们更爱吃外地屎！

猪对吃的要求不高。早在春秋战国时期，人们就用厕所的屎养猪。"圂"（hùn）原本指猪圈，后来用来指代"能养猪的多功能厕所"。

注 猪也吃马粪、鸡粪。

不要因为猪吃屎，就觉得猪脏，看不起猪，这种态度是不对的！有时候为了屎里的那点儿营养，有的灵长类动物也会吃屎。

注 某些灵长类动物，比如大猩猩、黑猩猩和狒狒，都有过吃便便的行为。

有些小型食草动物吃进去的食物还没完全消化和吸收，就被拉出来了，多浪费啊，所以它们拉完后还得趁热再吃进去。有科学家统计，雄性绒毛丝鼠一天之中，平均会吃 201 次屎，简直是吃屎界的杰出代表！

注 绒毛丝鼠就是很多人喜欢养的龙猫。

兔子吃屎也是同样的道理。它们会拉两种屎：一种是硬屎，是肠子消化不了的物质，不能吃；一种是软屎，是肠子容易消化的物质，可以吃，并且富含氨基酸、维生素和短链脂肪酸，营养特别丰富！

这么好的东西，不能独享，要是留一点儿，进行工业化生产，能出口换外汇就好了。

兔子的肠道结构图

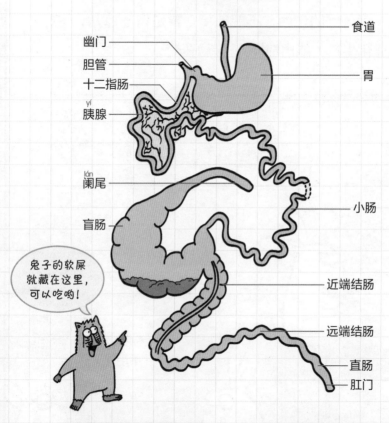

幽门

胆管

十二指肠

胰腺 (yí)

阑尾 (lán)

盲肠

食道

胃

小肠

近端结肠

远端结肠

直肠

肛门

兔子的软屎就藏在这里，可以吃哟！

容易消化的物质会在盲肠中多停留一段时间，排出时就是**软屎**；难以消化的物质会直接排出，就是**硬屎**。

兔子的硬屎

兔子的软屎

除了有营养，最重要的是屎里还含有丰富的肠道微生物，能帮助动物消化，维持肠道菌群平衡。比如，大黄蜂和白蚁要吃同伴们拉的屎；考拉、大象和河马等动物的宝宝，要吃自己妈妈拉的屎。

尽管屎里头有这么多好东西，但猫好像不怎么爱吃屎。只有一种情况例外，就是母猫会吃自己宝宝的屎，还会舔它们的屁屁，来刺激小猫排便。

　　狗吃屎早就不算什么新鲜事了。只不过，狗成为家养的宠物之后，很多主人希望自己的狗能改掉这个习惯。但是养狗的人要注意方式方法。如果随地大便后遭到主人体罚，狗就会害怕，下次拉完之后就会赶紧吃掉，免得让主人发现。当然啦，如果狗拉完屎之后，主人就急匆匆去清理也不行。这样一来，狗可能会以为屎是一种宝贝，就会抢着吃掉。

故事2

对对，土也是可以吃的！

对山小魈来说，"月光族"这个词简直是一种赞美。因为每次发完工资，根本要不了半个月，他就全都花光了。

这不，山小魈情绪失控，在办公室里大喊大叫了起来。

这一叫不要紧，同事们纷纷跟着叫了起来。

我也没钱了!

雪羊

我把 6 张信用卡
都刷爆了!

黑猩猩

我分期付款
都还不清了!

短尾果蝠

（注：以上消费观不理性，勿学。）

听到办公室的骚乱声，公司老板非洲象赶紧站出来发话。

老板居然要请客！这不是愚人节玩笑吧？公司上下一片欢腾。

山小魁高兴坏了，他开始幻想晚饭会吃到什么好吃的。

到了晚饭时间，老板果然把大家带进了一家豪华大酒店。

大家坐好后，山小魈简直不敢相信自己的眼睛。
酒店服务员居然在每个人面前摆了一盘新鲜的土。

正当山小魈盯着面前的土发呆时，非洲象老板一马当先，用鼻子把土块一卷，送进嘴里，大嚼特嚼起来。

这时，山小魁的同事们也对着土渣和土块张开了大嘴，纷纷开吃！可是，为什么大家都吃得下去呢？

原来，很多动物都会吃土，但每种动物吃土的目的不太一样。对绝大多数吃土的动物来说，土是一种有营养的食物。比如，非洲象和金刚鹦鹉靠吃土来补充钠元素，尼日利亚的奶牛靠吃土来补充磷元素。

有些时候，吃土是一种无奈的选择。生活在乌干达的野生黑猩猩，本来喜欢吃酒椰树腐烂的木髓。但是当人类把酒椰树都砍光后，为了补充矿物质，它们不得不主动寻找含有铝、铁、锰、镁和钾等元素的各种土块吃。

在自然界，许多植物都是有毒的，而土里含有一些特殊的化学成分，能中和植物中的毒素。科学家推测，短尾果蝠会在怀孕和哺乳的时候吃很多土，可能就是因为土能解毒。

动物吃土也可能是为了治病。春天和秋天，美国黄石国家公园的棕熊会以蘑菇和有蹄类动物的肉为食。可是，这两种食物都会让棕熊拉肚子。因此，为了防止拉肚子，它们还会搭配着吃下很多土。

老板和同事们狼吞虎咽地吃着土，嘴馋又挑食的
山小魈被晾在一旁，心里很不是滋味。

草坪上的小秘密

我不但能吃土，
还能拉土！
你们给我看清楚啊！

四颗，
五颗……

看，
厉害吧！

 你在草坪上经常可以看到一个个小小的洞口周围堆着小土粒堆，这些小土粒堆就
是蚯蚓拉的屎。

山魁也是要看脸的！

哎，山小魁的肚子怎么这么不争气，他又要在半路上拉便便了。更要命的是，最近他的便秘有点儿严重。

为了早点把便便拉出来，山小魋把吃奶的劲儿都使上了。没想到，便便没有拉出来，他的脸倒是涨成了西红柿的颜色。

哎呀！怎么感觉这么累！

再努力一下下！山小魋你是最棒的！加油！

突然……

扑簌簌 sù

正当山小魈跟便便较劲的时候，突然，草丛里冒出一只山魈强盗，看着像是要打劫。

谁知道，强盗刚看了山小魈一眼，就把举起的棍棒放下了，还吓得浑身发抖，连连磕头。

山小魁也被强盗吓了一跳。这一吓倒是有好处，他的便便一起跟着吓出来了。不过，他脸上的鲜红色也就消失了。

看到这种情况，强盗的态度突然来了个 180 度大转变！

在这万分紧急的时刻，谢耳朵突然举着大刀，从草丛中跳了出来。

强盗吓得连棍棒都不要了，转身就逃。

就这样，谢耳朵不费吹灰之力吓退了强盗，把山小魈救了下来。谢耳朵为啥非要打扮成这副样子呢？虽然山小魈得救了，可他还是忍不住发问。

咦？谢耳朵，你的脸怎么这么红？

要不是我打扮成关公的样子，说不定这次咱俩都要完蛋！

大哥，这是个误会！

很多动物在打架之前都要先打量打量对方，如果对方块头太大，明显打不过，那就赶快认输，省得把小命送掉。

为什么有些山魈的脸那么鲜艳

山魈的老家在非洲西部的热带雨林中。不过，它们不像猴子那样整天待在树上，而是像狒狒一样，在地上跑来跑去找东西吃。它们有时吃水果和叶子，有时吃昆虫和鸟蛋，有时甚至会吃豪猪和未成年的羚羊。

为什么有的雄山魈的脸特别鲜艳，有的不那么鲜艳呢？

原来，雄山魈不是因为脸鲜艳才显得厉害，而是因为它必须先变厉害，成为雄山魈中的"老大"，然后才会在雄性激素的作用下，让脸变得更鲜艳。相反，那些不厉害的，或者曾经很厉害后来又变弱的雄山魈，脸上的颜色就不会那么鲜艳。在山魈的社会中，它们都是已经失败的一方，所以必须学会认输。

我曾经也这样！

真能吹，谁会信啊？

动物身上的奇葩超能力

山小魈做事情毛手毛脚，特别容易惹事。所以，谢耳朵严禁他来自己的实验室闲逛。可是你越是不让山小魈做什么，他就越要做什么。这不，他又一次摸进了谢耳朵的实验室。

在弱肉强食的自然界，为了活命，许多动物发展出各种各样神奇的"超能力"。例如，在亚马孙河中，生活着一种会发电的鱼，叫作电鳗。

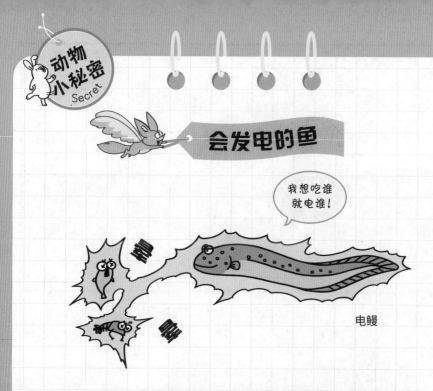

会发电的鱼

电鳗

电鳗发电体的解剖结构

电鳗为什么会发电？

原来，电鳗的肌肉组织构成了一个个小型的放电体。它全身的放电体加起来，可以产生 860 伏的电压，别说小鱼小虾了，就连马和牛都能被它电昏过去。

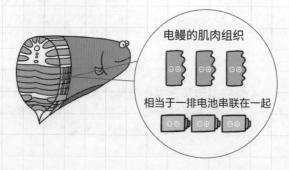

电鳗的肌肉组织

相当于一排电池串联在一起

忽然，山小魁趁着谢耳朵不注意，一把抢过手套，拔腿就跑！

不一会儿，山小魁在角落里发现了一条"电鳗"。

谢耳朵话没说完，一瞬间，山小魁真的变成了"电鳗"的样子！

说时迟，那时快，山小魈放了个大招儿，一瞬间喷出许多黏液，全落在自己身上了。

原来，盲鳗是一种古老的海洋脊索动物。它身上的腺体能分泌大量黏液，这些黏液和水混合后，能形成大量黏糊糊的"透明胶"。

遇到危险时，它会迅速分泌这种黏液，将捕食者困住，而它会将身体打一个结，倒退着从"结"中逃走。这种巧妙的方式，只会困住天敌，而不会困住自己。

盲鳗打结式逃生

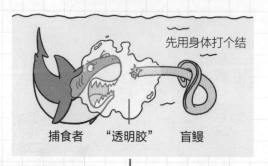

先用身体打个结

捕食者　"透明胶"　盲鳗

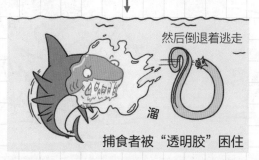

然后倒退着逃走

溜

捕食者被"透明胶"困住

电鳗和盲鳗

　　你看看电鳗的眼睛和嘴巴，多少还有点儿鱼的样子。再看看盲鳗，眼睛已经退化得看不见了，嘴巴圆圆的像一个吸盘，完全看不出鱼的样子。山小魁真的不应该把它们搞混。

电鳗

盲鳗

山小魁恼羞成怒，气冲冲地往前走。

走着走着，山小魁看见了一条蛇，于是他不顾一切地冲了上去。

突然，山小魁蜷(quán)缩在地，肚皮朝上，嘴巴张得大大的，舌头耷(dǎ)拉在外面。原来，山小魁变的不是眼镜蛇，而是猪鼻蛇。眼镜蛇的超能力是分泌毒液，而猪鼻蛇的超能力却是装死。

装死，是动物界一种重要的保命技能。对于祖传了出众演技的猪鼻蛇来说，通过装死来保命，实在太拿手了。

散发尸体的气味

全身痉挛　肚皮朝上

嘴巴张大
舌头伸出

猪鼻蛇

100分　100分　100分

捂

达人秀

猪鼻蛇和眼镜蛇

　　每当捕食或感到危险时，眼镜蛇颈部两侧的皮褶会撑开，一般上面有一对像眼镜一样的斑纹。猪鼻蛇没有这样的皮褶，也没有这样的斑纹。它的鼻子会向前凸出，很像猪的鼻子。谢耳朵实在想不通，山小魁怎么会把它看成眼镜蛇。

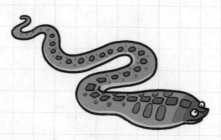

猪鼻蛇

印度眼镜蛇

拿到"超能力手套"的山小魁不但没有变厉害，反而变得更弱了。于是，谢耳朵松了一口气。

过了一会儿，山小魁变成一只浑身长满鳞片的蜥蜴。
他朝谢耳朵猛扑了过来。

这时，一股鲜红的血液从山小魁的眼睛里喷了出来，还散发出难闻的气味。

原来，山小魁把角蜥当作怪兽哥斯拉的本体了。别看角蜥浑身长满了鳞片，当它需要保命的时候，却要靠另外一项超能力——喷血。

角蜥喷血

当角蜥遇上郊狼、山猫等捕食者时，就会大口吸气，把肚皮撑得鼓鼓的，然后使头部血压升高，让眼窦（眼睛旁边的一个小袋子）充血。当压力过大时，血液就会挤破眼窦膜，然后猛烈地向外喷出，最远能喷出 1 米多。喷出的血液中含有难闻的化学物质，会把捕食者熏得既难受又扫兴。此时，角蜥的小命也就能保住了。

角蜥

郊狼

海鬣蜥

电影里的怪兽哥斯拉是从海里冒出来的，所以哥斯拉的原型
更有可能是一种能在海里觅食的蜥蜴，比如海鬣蜥。在山小魈看
来，什么这个蜥那个蜥的，不都是蜥蜴吗？

海鬣蜥

角蜥

浑身臭烘烘的山小魁，擦了擦眼角的血，感觉丢脸丢到家了。戴着超能力手套的他索性豁出去了，看到外形凶猛的动物，无论大小，凑过去就是一阵狂摸。结果，他又变成了蝎子的模样。

这次，山小魁放出的大招儿居然是断了自己的尾巴。原来，像壁虎一样，南美洲有一种蝎子也会断尾求生。可是，蝎子的"尾巴"断掉以后就再也长不出来了，"尾巴"上的肛门同样也长不出来了。所以，这其实是一种断肛求生的策略。

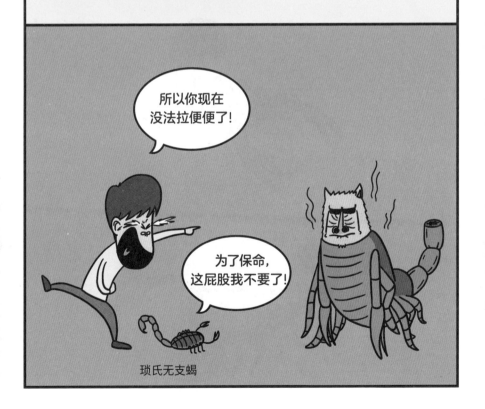

琐氏无支蝎

肥尾蝎

　　肥尾蝎是一种有剧毒的蝎子。如果你在中东或非洲的野外见到肥尾蝎，一定不要往前凑。肥尾蝎的毒液非常厉害，每年都会夺走很多人的生命。肥尾蝎的拉丁学名在希腊语中就是"人类杀手"的意思。

肥尾蝎

琐氏无支蝎

一次次想拥有超能力，却一次次失败。于是，山小魈彻底爆发了！

 蚁人是美国电影《蚁人》中拥有超能力的角色。由于机缘巧合，号称宇宙中最厉害的灭霸都没能杀死蚁人，于是山小魈认为蚁人最厉害。

山小魈摸到一只外形凶猛的蚂蚁，然后摇身一变，一只巨大的蚂蚁怪兽出现了。

这时，失去理智的山小魁啥也听不进去，他飞速冲向谢耳朵，幻想着自己释放出蚁人的超能力。

桑氏平头蚁和草地铺道蚁

桑氏平头蚁生活在东南亚地区的热带雨林中。它们的身体像一个装满腐蚀性液体的罐子。当遇到捕食者的时候，它们就会像挤水球一样，用腹肌把自己的肚子挤爆，把有腐蚀性的毒液炸得到处都是。

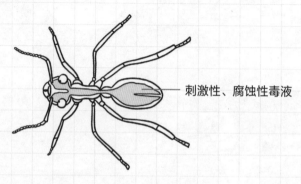

刺激性、腐蚀性毒液

草地铺道蚁就是你在路边会经常见到的那种蚂蚁。

草地铺道蚁

桑氏平头蚁

自爆虽然会牺牲自己，却能保证领地的安全。这是社会性动物才具有的牺牲行为。可是，山小魁你又是图啥呢？

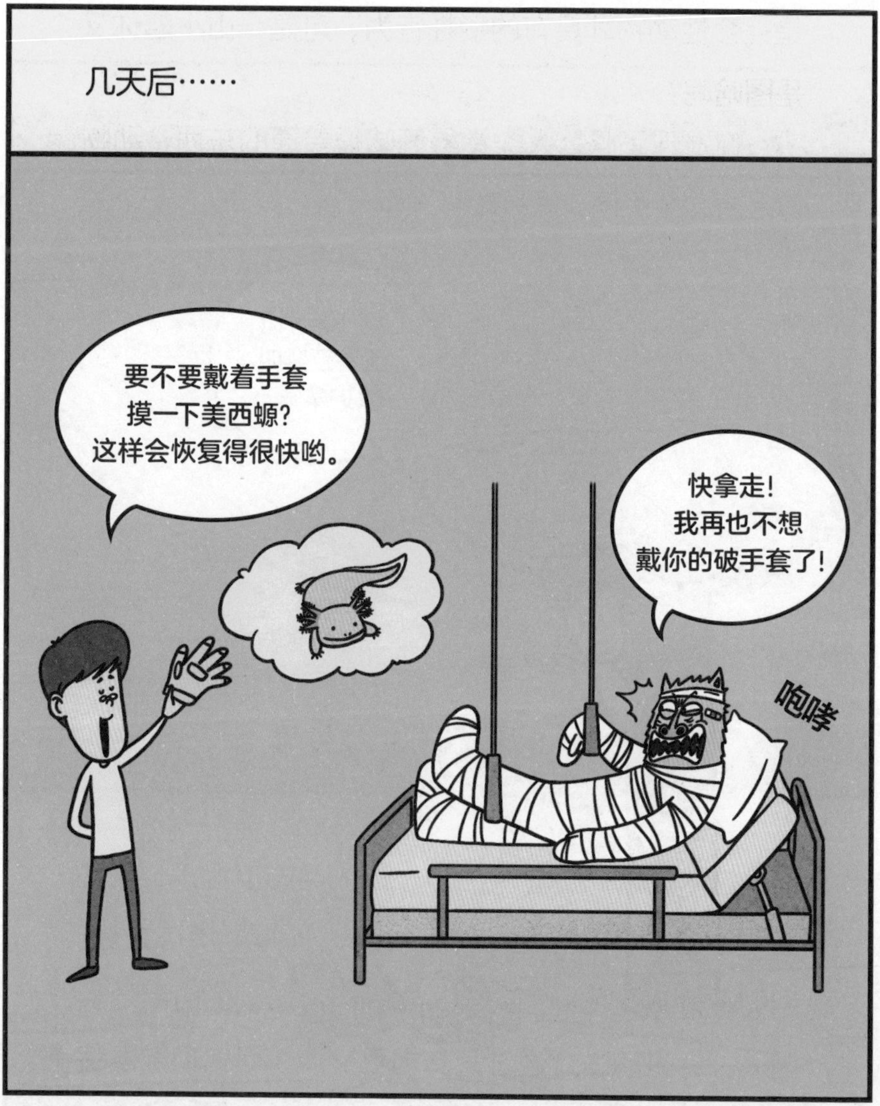
几天后……
要不要戴着手套
摸一下美西螈？
这样会恢复得很快哟。
快拿走！
我再也不想
戴你的破手套了！
咆哮

屎还能用来干什么?

你发现了吗?人类觉得气味很普通的东西,动物总是会闻个不停,而且颇有兴趣,乐在其中。

这是因为许多动物的鼻子比人类的灵得多。在这些动物看来,气味是一种信号,比吼叫声传得更远;同时,气味又是一种文字,比吼叫声持续的时间更长。因此,许多动物会通过气味相互交流,而它们散发气味的重要方式,就是又拉又尿!

总的来说，动物的屎和尿至少有7种社交用途。

对于马达加斯加岛上的白足鼬狐猴来说，屎和尿就是一个微信群，专门用来和亲戚交流感情。

首先，白足鼬狐猴会在家族地盘里选几棵树，作为家族厕所。从那以后，全家族的七大姑八大姨都爬到那几棵树上拉屎拉尿。要不了多久，树上就会沾满家族所有成员的屎尿味儿。

白足鼬狐猴

这样一来，就算白足鼬狐猴们各有各的生活，平时根本见不着，也不用担心彼此之间变成陌生人。它们只要经常去沾了屎尿的树旁边闻一闻，再舔一舔树干的味道，全家有几个叔叔阿姨、几个表哥表姐就全都清楚了。

警告第三者

如果隔壁家族的雄狐猴突然闯进白足鼬狐猴的地盘，有对象的雄性白足鼬狐猴就会非常紧张，万一对象跟隔壁的跑了怎么办？打一架？不不不，打架太不文明了，还是先讲讲道理吧。

白足鼬狐猴

此时，雄性白足鼬狐猴会频繁跑到家族的厕所树上，抬起尾巴，边拉边尿，留下一摊警告信息，希望入侵者知难而退。

　　在原始社会，为了管理地盘，人类常沿着边界修一圈军事堡垒，但这对南驯狐猴来说太麻烦了。它们会直接在边界附近选一棵大树，作为家族的厕所树，然后用屎和尿堆出一个"界碑"，意思是说："这堆屎尿之后是我们的地盘！"

南驯狐猴的屎

外来的南驯狐猴

　　群居的狐猴需要捍卫地盘，独居的狐猴也要捍卫地盘。因此，有些驯狐猴会用屎和尿捍卫自己吃饭和睡觉的树，就像咱们人类用围墙来圈住自己的地盘一样。

南驯狐猴家

南驯狐猴

不可侵犯！

屎和尿摆在门外还不够，脂尾倭狐猴采用了更加极端的办法。它们把屎和尿当成墙绘材料，往树皮上涂上一条又一条的金边。其中最长的金边足足有 40 厘米长！就不信入侵者不害怕！

脂尾倭狐猴

当然，除了狐猴以外，还有许多动物也懂得使用屎和尿。比如，阿拉伯瞪羚（dèng líng）会用屎和尿划分地盘，欧洲獾（huān）会用屎和尿警告第三者，貉（hé）会用屎区分谁是谁。

不要超过中线！

阿拉伯瞪羚

不过，这些用法都没有下面这种用法的用处大。

动物的发情期到了，单身的也该找对象了。可是在茫茫野外，如何知道哪个方向有适龄青年呢？对美洲豹猫、欧洲松貂^{diāo}和非洲薮^{sǒu}羚中的单身汉来说，这根本不是事儿。

那边有新情况！

美洲豹猫　　　非洲薮羚　　　欧洲松貂

如果在野地里看到屎和尿，它们就会赶紧把鼻子凑上去闻一闻。对方是雄是雌，芳龄几何，打不打算找对象，都能从屎尿里闻出来。可以说，屎和尿是最流行的交友软件。

动物的屎

为什么动物能在屎尿里闻出这么多信息呢？科学家在分析了 200 多只白犀牛的粪便后发现，白犀牛的每一组个体信息，都对应着粪便里一种特定的化学物质。比如，有一种烷类物质表示"我单身"，有一种醛类物质表示"我已达到法定婚龄"。

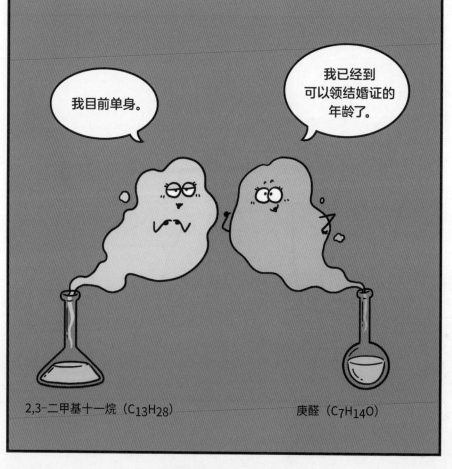

2,3-二甲基十一烷（$C_{13}H_{28}$）

庚醛（$C_7H_{14}O$）

为了证明自己的判断，科学家把这几种化学物质和泥巴、干草掺在了一起，伪造了一坨雌犀牛屎。结果，有一只雄犀牛上当了！它对着这团屎闻了好几次，而且每次都要闻好久，最后还在这坨假屎上拉了一坨真屎。

既然屎和尿含有大量信息，那怎么才能把这些信息更有效地传播出去呢？黑犀牛有办法。它们拉完屎以后不会直接拍拍屁股就走，而是会用后腿使劲地踢一脚，把屎踢得远远的！不管是公的还是母的，都会踢屎，而且年龄越大的犀牛踢得越远。

在武侠小说中，两个侠客见了面，难免要通过比武来分出高下。这个办法对河马来说代价太大，因为一只河马少说也有 1300 千克，相当于一辆普通轿车的重量。

两只河马打一架可不是闹着玩儿的。所以，它们发明了一种特有的决斗方法——斗屎！

只见两只河马越走越近，停下来狠狠地瞪着眼，然后转过身，把屁股瞄准对方，两只河马开始比赛拉屎了！

它们的尾巴像螺旋桨一样飞快地甩动，把源源不断地冒出来的屎和尿甩得到处都是。通过这种"文明"的方式，两只河马决出了高下。胜利的一方获得了更高的地位，而失败的一方只好俯首称臣，然后灰溜溜地离开。

人类有的爱恨情仇，动物也有。只不过，它们的爱恨情仇不像动画片里演的那么富有诗意，而是充满了屎尿的气味。当我们用文字歌颂勇敢、理想、亲情和爱情时，动物们也在用各种或白、或黄、或干、或湿、或硬、或软的食物残渣谱写一首首荡气回肠的"屎诗"！

如何照顾小动物

第 2 章

Becoming

an

Animal

Babysitter

阳光明媚的早上，动物小学要上课了，谢耳朵老师却没有来。小动物们坐在教室里交头接耳。

原来，谢老师请假了，今天是山小魁帮他临时代班。

小朋友们早上好！
我是今天的代班
老师山小魁！

咳——咳

山——
老——师——
好！

山小魁第一次听到小动物叫他"山老师"，心里顿时美滋滋的。他心想，原来照顾小动物这么简单！于是，他按照课程计划开始教大家学算术。

有5根指（趾）的动物

像我们人类一样，现存的许多动物，例如很多蜥蜴、猴、熊、鼬、鼠通常都有5指（趾）。

蜥蜴　　　　　　　猴　　　　　　　　鼬

蜥蜴的指（趾）

猴的指（趾）

鼬的指（趾）

这屁股我不要了！你不知道的动物科学

蝙蝠和鲸的指骨

蝙蝠和鲸虽然没有长出明显的"手指"，但蝙蝠的翼和鲸的"鳍"里面，都长着五根指骨。

蝙蝠（五指）

第一指
第二指
第三指
第四指
第五指

虎鲸（五指）

泥盆纪四足动物的指（趾）

其实，在约 4 亿年前的泥盆纪，现代四足类动物祖先的指（趾）可没这么整齐。它们的指（趾）有的是 6 根，有的是 7 根，有的多达 8 根！但是不知道什么原因，只有 5 根指（趾）的鱼存活了下来。它就是现代四足类动物的祖先。

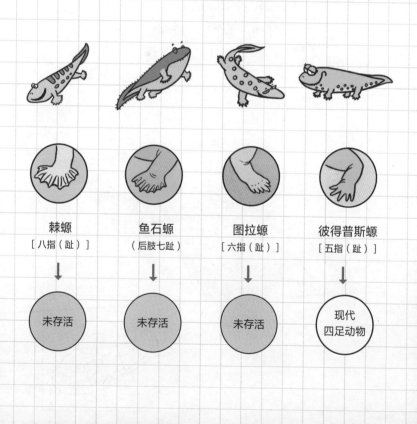

棘螈
［八指（趾）］
↓
未存活

鱼石螈
（后肢七趾）
↓
未存活

图拉螈
［六指（趾）］
↓
未存活

彼得普斯螈
［五指（趾）］
↓
现代
四足动物

然而，五指（趾）动物进化的后代并不一定都是五指（趾）！

牛的指头

牛

有4根指（趾）的动物

生活中最常见的猪、牛、羊，还有野生的河马、羚羊，蹄子上都是4指（趾），它们是偶蹄目动物。

猪

羊

河马

猪的指（趾）

羊的指（趾）

河马的指（趾）

> 注　平时走路的时候，猪、牛、羊通常每个脚只有两指（趾）着地。

当然，2也是偶数。所以，长着2指（趾）的长颈鹿、獾㹢狓和骆驼，也都属于偶蹄类动物。

长颈鹿的指（趾）

獾㹢狓的指（趾）

骆驼的指（趾）

有偶蹄目动物自然就有奇蹄目动物。例如长着 3 指（趾）的犀牛。

三趾树懒的指（趾）

犀牛的指（趾）

 仔细看，三趾树懒长的是爪子，不是蹄子，它属于披毛目。
你可别把它当成奇蹄目动物哟。

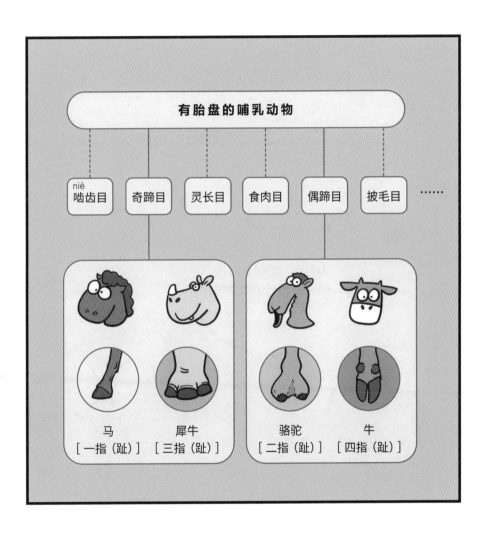

 刚才说的偶蹄目、奇蹄目跟我们灵长目一样，都属于哺乳动物中有胎盘的动物。

蹄子上指（趾）最少的动物是马、斑马和驴。它们都属于奇蹄目动物。

马的指（趾）

山老师，我很认真地把左边和右边的手指都数了一遍，你看，5加5等于2！

2就2！

马

曾经存在的奇蹄目动物

在几千万年以前，曾经有很多种奇蹄目动物生活在地球上。但是现在，只剩下马科、貘科和犀科三个种类，而且有的处于濒危状态。马的远房祖先三趾马，犀的远房祖先巨犀，还有雷兽、爪兽，都是曾经存在的奇蹄目动物。

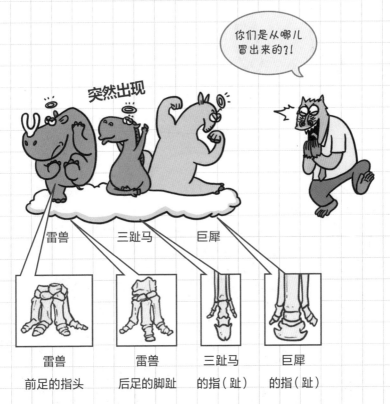

突然出现

你们是从哪儿冒出来的?!

| 雷兽 | 三趾马 | 巨犀 |

| 雷兽 前足的指头 | 雷兽 后足的脚趾 | 三趾马 的指（趾） | 巨犀 的指（趾） |

/ 这屁股我不要了！你不知道的动物科学

大熊猫和小熊猫都是五指（趾）动物进化的后代。但它们在漫长的演化中，分别将手腕上的一块骨头演化成了一根"指骨"，叫作伪拇指。这样一来，它们吃竹子的时候就能把竹子握紧了。

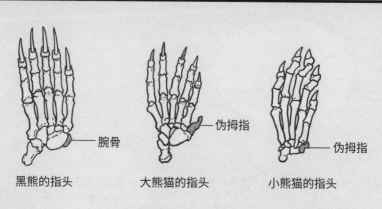

黑熊的指头　　　　大熊猫的指头　　　　小熊猫的指头

于是，给小动物们当了仅仅 30 分钟代班老师以后，山小魁就觉得心力交瘁！关于 5 加 5 等于几的问题，按照山小魁教的方法，把两只手的手指数一遍再加在一起，不同的小动物却得出了不同的答案。小牛算出来是 8，马算出来是 2，长颈鹿算出来是 4，马来貘算出来是 7，大熊猫则算出来了 12……

五花八门的答案让山小魁超级崩溃。"还好我只需要代一天班！"山小魁这样安慰自己！可是，现在离下班还有 7 个多小时，剩下的时间可怎么熬过去啊？

还有 7 个多小时才能下班，这可怎么办啊！！！

猫爪和狗爪

猫和狗的前爪有5根指头。其中，最内侧的一根指头长得特别不起眼，并且它在走路时是悬空不着地的，叫作悬指。

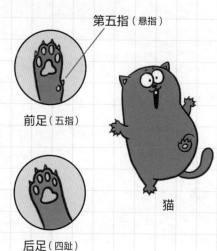

第五指（悬指）

前足（五指）

后足（四趾）

猫

第五指（悬指）

前足（五指）

狗

后足（四趾）

猫和狗的后爪通常只有4根脚趾，没有悬趾。但是也有例外。比如，法国狼犬的后脚不但长着悬趾，而且一长就长了两根！

鸟的翅膀

吃鸡翅的时候，你可以仔细观察一下，上面隐隐有 3 根指头。许多鸟类的翅膀都是由 3 根指骨融合成的。

蓝镰翅鸡　　　　鸡翅膀的骨头

- 第一指
- 第二指
- 第三指

鸟的脚趾

ér miáo

鸟类的脚趾大多有四根。不过也有例外，例如，鸸鹋有三根，鸵鸟有两根，乌骨鸡有五根。

鸸鹋的脚趾

鸵鸟的脚趾

乌骨鸡的脚趾

鸸鹋　　　　乌骨鸡　　　　鸵鸟
（三趾）　　（五趾）　　　（二趾）

恐龙的指（趾）

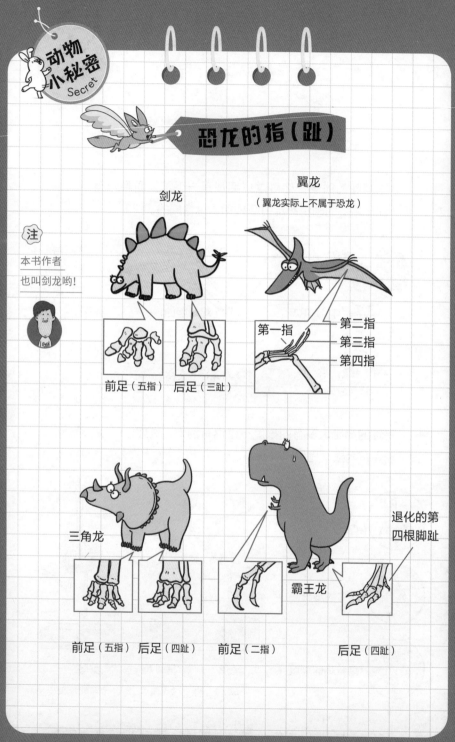

剑龙

翼龙
（翼龙实际上不属于恐龙）

注

本书作者
也叫剑龙哟！

前足（五指）　后足（三趾）

第一指

第二指
第三指
第四指

三角龙

退化的第
四根脚趾

霸王龙

前足（五指）　后足（四趾）　前足（二指）　后足（四趾）

这便便是谁拉的？

　　混乱的数学课之后，山小魈决定重新振作起来。毕竟这是他人生第一次当老师，决不能轻易说放弃。数学课实在太难了，他打算给小动物们上一节简单的课程——思想品德课。山小魈非常认真地在黑板上写下了两个字。

袋熊的肠道

袋熊为什么会拉出有棱有角的便便来呢？科学家猜测，这可能是因为便便过于干燥，在袋熊的肠子中断成了一节一节的。

袋熊的肠子后端有一段区域结构很特殊，弹性也特殊。如果干燥的便便在这里前拥后挤，就会把肠壁从圆形撑大成类似长方形的样子，肠子中的便便也就随着肠壁有了棱角。

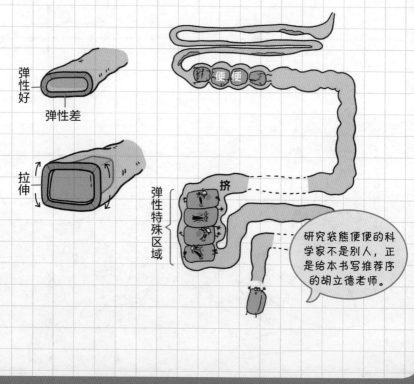

弹性好

弹性差

拉伸

弹性特殊区域

挤

便便

研究袋熊便便的科学家不是别人，正是给本书写推荐序的胡立德老师。

这屁股我不要了！你不知道的动物科学

这时，山小魁猛然发现，小动物们纷纷学着袋熊同学的样子，蹲在地上发出"嗯嗯嗯"的声音。

为了营养跟得上，大熊猫每天要吃下十几千克竹子。吃得多，自然拉得也多。因此，大熊猫每天要拉一百到两百团便便才能把肚子腾空。

由于竹子并不好消化，大熊猫的便便里面会存留很多竹丝，这叫作咬节。科学家去野外调查大熊猫时，会研究便便里的咬节。

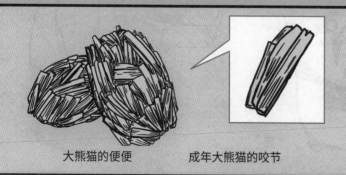

大熊猫的便便　　　　　成年大熊猫的咬节

正当山小魈低头检查咬节的形状时，只听见面前扑通一声，一个大屎团重重地砸在了地上。

扑通！

我得开挖掘机
才能打扫干净！

真厉害呀！

好大啊！

怎么样?
大不大?

大象

大象比大熊猫还要勤奋，每天要拉大约100千克的便便。这些便便随便堆在什么地方，都可以形成一组"壮丽"的景观。

斑鬣狗的便便里有大量骨头的粉末，所以是白色的。

山雀的粪囊

山雀宝宝的便便外面包着一层白色的皮，叫作粪囊。这样，鸟妈妈打扫卫生的时候就很方便，把粪囊叼起来往外一扔就可以了，根本不用担心把嘴巴弄脏。

山雀

粪囊

这屁股我不要了！你不知道的动物科学

阿德利企鹅能把流体状的便便喷出40厘米远，而且往往换着方向喷，所以，它们窝边的屎迹像太阳光芒一样，是放射状的。

成年阿德利企鹅

树懒是世界上最"磨叽"的动物之一，因为它们吃下一顿树叶之后，要足足消化 50 天，才会把消化不了的残渣拉出来。所以，树懒通常能把一泡屎憋一个星期。

努力憋屎其实是一种保命策略。因为拉屎的时候，它们会从树上下来，一不小心就可能被别的动物吃掉。

一节课过后，山小魁不但没搞清楚便便是谁拉的，反而多了一大堆便便需要打扫。他又开始感到绝望了！

唔！这坨便便长得好特别呀。

以前从来没见过。

我的妈呀，这坨便便到底是谁拉的呀！

会扔便便的猩猩更聪明

在某些动物园里，黑猩猩经常把拉出来的便便攒起来，趁游客路过的时候，把便便扔出去砸人。

当然，并不是每种动物都能学会扔东西，首先它得足够聪明。动物学家发现，会扔便便的黑猩猩大脑的布罗卡区很发达。这个发现非常有意思，要知道在人脑中，布罗卡区是管说话的。

看便便认动物

每种动物吃的东西不一样，饭量大小不一样，肠道的尺寸和结构也不一样，所以它们排出便便后，便便的成分、体积和形状也会不一样。

加拿大鹅的便便

马鹿的便便

小鹿的便便

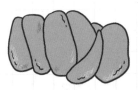

野猪的便便

水牛的便便

喜鹊的便便

非洲野猫的便便

狐狸的便便

133   这便便是谁拉的？

请你吃我妈妈的死皮！

混乱的数学课和思想品德课之后，终于到了吃午饭的时间！这是山小魈每天最期待的时刻。山小魈老师从厨房里端出了热气腾腾的午饭，每只小动物都有一份。

同学们，准备吃饭啦。

好！

可是，午饭还没发下去，小牛同学就吧唧吧唧吃起来了。

牛的四个胃和反刍

吃草的时候，牛总是随便嚼两口就咽下去了。在牛的胃里，微生物会让草料发酵，把牛消化不了的纤维素变成容易吸收的糖类物质。然后，胃会把一部分发酵过的草糊糊送回嘴里，让牛重新嚼一嚼再咽下去，这叫作反刍。

瘤胃：借助微生物进行发酵，分解纤维素。

网胃：像筛子一样把粗大草块过滤掉。

瓣胃：一边吸收草糊糊的水分，一边继续研磨。

皱胃：像人的胃一样分泌胃液和酶，靠自己的力量
　　　消化剩下的物质。

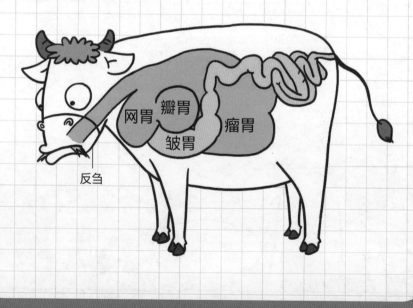

除了牛之外，羊、鹿、骆驼、羊驼等也会反刍。反刍能够帮助它们消化草料，但缺点是会让它们打嗝放屁。而且，它们打的嗝、放的屁里含有甲烷，养殖棚通风不良时可能引发爆炸！

好不容易对付完反刍动物，山小魁忽然发现，鸵鸟居然低头吃起了石头！

鸵鸟同学快停下，你怎么能吃石头呢？

山老师，饭前吃石头有助于消化。

鸵鸟

鸵鸟的砂囊

因为没有牙齿，所以很多鸟类会把砂粒吞进砂囊里，让砂粒帮忙把吃下去的东西磨碎。免费的砂粒不吃白不吃。成年鸵鸟砂囊里的砂粒重量能达到 1 千克。

我们来比赛吃砂粒吧。

砂囊
鸵鸟的砂囊能塞满
1 千克的砂粒

请你吃我妈妈的死皮！

马达加斯加来的指猴同学也让山小魁非常不省心，好好的饭放着不吃，却抱着一小段木头闻来闻去。

指猴的手指

指猴之所以叫指猴，是因为它的手指很长。指猴的中指又细又长，像一个铁钩，能伸进树上的小洞，把里面的虫子钩出来吃掉。

用中指钩树洞里的虫子

细长的中指

指猴的手指

请你吃我妈妈的死皮！

好不容易把每只小动物的午饭都发下去了，山小魁的肚子也咕噜咕噜叫了起来。于是，他端起自己的那份午饭，边吃边感叹。

灰颊冠白睑猴

鸊鷉是一种长得有点像鸭子的水鸟。鸊鷉妈妈不但经常吃自己的羽毛，还会喂自己的宝宝吃羽毛。这些羽毛到了肚子里以后，根本消化不了，它们最后还得吐出来。科学家推测，这样一来，它们就能顺便把肚子里的寄生虫一起吐出来。

到了"哺乳期"以后，鸽子的爸爸妈妈和火烈鸟的爸爸妈妈都会分泌一种像奶酪一样的物质，叫作嗉^{sù}囊乳。它就像牛奶一样营养丰富，能够给雏鸟补充生长所需营养。

但嗉囊乳可不是真的乳汁，而是一种半固体物质。其中含有很多从嗉囊中脱落的上皮细胞。所以，你也可以说嗉囊乳是一种"死皮"。

注 考拉、犀牛、河马和大象的宝宝们并不是故意恶心山小翘，它们真的会吃妈妈拉的屎。因为妈妈的屎里含有很多微生物，能够帮助它们消化树叶和草根里的纤维素。

山小魁的午饭都白吃了。他吐啊吐，差点儿连肠子一起吐出来，现在肚子空荡荡的。他忽然发现，还有两名同学居然不吃饭。

磷虾　　冠海豹

冠海豹的哺乳期只有 4 天。小宝宝只吃 4 天奶，就可以长胖 20 千克。喂完奶以后，冠海豹妈妈要回到海里捕鱼。于是，在大约一个半月的时间里，冠海豹宝宝不吃不喝，就靠这 4 天长的肉继续完成发育。

南极洲的冬天，天太冷，风太大，鱼太难抓。所以，王企鹅宝宝平均 39 天才能吃上一顿鱼肉。如果爸爸妈妈的运气不好，它们甚至会连续饿上 5 个月，最后消耗 70% 的体重。

接孩子也是技术活

经历了手忙脚乱的一天之后，终于迎来了放学的时刻。精疲力竭的山小魁把小朋友们领到校门口，希望它们的爸爸妈妈赶快来领走。

再坚持一下，把它们送走我就自由了！

许多动物一生下来就会走路，非洲象宝宝就是，而且它还能挽着妈妈的鼻子走，就像人类小孩跟大人手拉着手走路一样。

非洲象

刚出生不会走路也没关系，狒狒宝宝有办法。有的宝宝会吊挂在妈妈的肚子上，有的宝宝会骑在妈妈背上。这样既能看风景，又不影响妈妈走路，比大人抱小孩轻松多了。

哎呀，你怎么让宝宝骑在背上了？可别把宝宝摔下来。

哎呀，你怎么把宝宝挂在身上了，宝宝累了怎么办？

好羡慕它能用手脚抓住妈妈！

有手真是好！

太好玩啦！

豚尾狒狒

草原狒狒

看到这个场景，山小魁忽然想起自己小时候就是这样跟着妈妈出门的。

负鼠是袋鼠的亲戚，一般来讲，负鼠妈妈应该像袋鼠妈妈一样，把孩子藏在育儿袋里。但是负鼠妈妈一胎能生十几只小宝宝，等它们稍微长大一点儿，袋子就装不下了，负鼠妈妈只好把它们统统背在身上。

负鼠妈妈好辛苦啊，居然一个人要带 7 个孩子。

7 个孩子已经算少的了。我同事一胎生了 14 个，比我还辛苦！

北美负鼠

这时，只听见噗的一声，一个黑影从天而降，原来是蝙蝠妈妈来了。小蝙蝠没有立刻跟妈妈一起飞走，反而钻到妈妈的怀里，一口咬住了妈妈的"乳头"。

假乳头

蝙蝠同学，你不要当着其他同学的面吃奶呀！

这位老师你是新来的吧？我宝宝咬的是假乳头，防止一会儿飞行的时候掉下来。

大鼠尾蝠

/ 这屁股我不要了！你不知道的动物科学

这时，天鹅妈妈来接宝宝了，但宝宝们却提出了新的要求。

可惜，小天鹅们暂时还坐不了飞机。它们只能等自己长大以后，再往天上飞。
知足吧，有船坐已经很不错了！
都给我老老实实坐好了！
又是坐船！
妈妈明明会飞！就是不愿带我们飞！
没劲！

袋鼠妈妈和袋熊妈妈也来接宝宝了，它们都把宝宝装在育儿袋里。只不过，袋鼠妈妈育儿袋的开口朝着自己的头。

哇！
做袋鼠宝宝也很幸福呢！

山老师再见！

袋熊　　　袋鼠

可是袋熊妈妈的育儿袋在哪里呢？

咦？
小袋熊在哪儿，怎么看不见？

山老师，我跟妈妈回家啦，再见！

袋熊妈妈的育儿袋

原来袋熊妈妈需要四只脚在地上爬，还要经常挖洞。所以，它的育儿袋开口不是朝前，而是朝后。

什么？育儿袋还可以朝后装？

山老师再见！

育儿袋

这屁股我不要了！你不知道的动物科学

看到同学们回家的方式都很拉风，帝企鹅宝宝也想试一试。

帝企鹅宝宝

帝企鹅爸爸

帝企鹅爸爸带孩子回家的方式既不是飞也不是游，它们也没有育儿袋，只能把宝宝放在肚子和脚之间，一步一步往家里挪。

这时，一只水雉突然冲过来，把水雉宝宝往翅膀下一夹，拔腿就要走。这怎么像人贩子？山小魁眼疾手快，连忙喝住它！

原来这是一场误会。把孩子夹在翅膀下面，只露出两只脚，本来就是水雉爸爸接送宝宝的方式。水雉妈妈只负责生蛋，而且生完以后就离开了。孵蛋、带小孩的工作全部落在了水雉爸爸的身上。

你这个老师，要多学点动物育儿知识！

对不起，对不起！我看错了。

我的妈呀，可算都回去了。没想到放学也这么麻烦啊。

今天差点儿就捅娄子了。

山小魃瘫坐在地上，刚想松一口气，突然，他的眼前出现了一只之前没见过的鳄鱼。

咦？
这只鳄鱼在干什么？
我们班没有
鳄鱼宝宝啊。

惊

其实，鳄鱼宝宝刚刚从蛋里孵出来，鳄鱼妈妈张开大嘴把它含在嘴里，并不是要把它吞进肚子里，而是为了保护它，把它带到安全的地方。

这一天下来，又是铲屎，又是喂饭，还要抓"人贩子"。山小魁终于支持不住，彻底崩溃了。

第 3 章

那些你熟悉又陌生的动物

The
Familiar
and
Strange
Animals

海底拳击手：雀尾螳螂虾

天气实在太热了，山小魋跑到水族馆里想避个暑。忽然，他在一口玻璃缸里看到一只特别漂亮的虾，于是忍不住伸出手摸了它一下。

哇，这里有一只小龙虾！

结果山小魋立刻遭到了一记重击。

砰！

山小魈感到自己像是被铁锤狠狠砸了一下，疼得他又蹦又跳。

妈呀，痛死我了！你这妖怪叫什么名字？怎么这么厉害！

哼！我的名字说出来吓死你！

肿

看到山小魁狼狈的样子，水里的"妖怪"得意极了，答道："哥可不是一般的虾，而是曾经红遍网络，上至百岁老人，下到三岁小儿，无人不知、无人不晓的雀尾螳螂虾。"

"我们虾类看似不起眼，可是本领却大得多！比方说我有的亲戚没有我这日月流星锤，却有一对吹毛断发的镰刀，叫作口虾蛄(gū)。"

哎呀妈呀，这又是什么虾？

哥是口虾蛄！

口虾蛄

雀尾螳螂虾不是小龙虾

áo
　　蟹的螯、小龙虾的钳子多是从胸足演化来的，它们属于十足目；雀尾螳螂虾的钳子则是由颚足特化而成，因此它属于口足目。

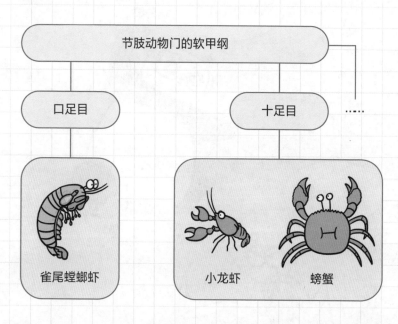

节肢动物门的软甲纲

口足目

十足目

……

雀尾螳螂虾

小龙虾

螃蟹

“如果你把我从水里捞出来，小心我喷你一脸透明液，
lài
所以有些人又亲切地叫我‘濑尿虾’。”
不尿你一脸，哪对得起我们“濑尿虾”的称号！
滋滋

"尿完之后，待我把屁股一撅，看看我尾巴的形状，像不像明朝的官帽？所以我又叫官帽虾。我们口足目的种类很多，俗称也非常多，比如还有皮皮虾、富贵虾、琵琶虾、虾爬子、虾狗弹、虾虎、爬虾、虾蛄、海蝗虫、明虾杀手……"

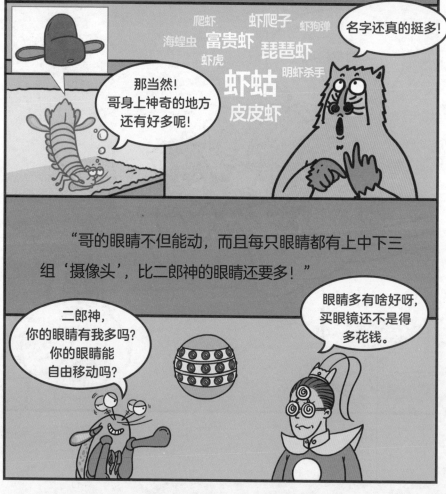

爬虾　虾爬子　虾狗弹

海蝗虫　富贵虾　琵琶虾

虾虎

虾蛄　明虾杀手

皮皮虾

名字还真的挺多！

那当然!
哥身上神奇的地方还有好多呢!

"哥的眼睛不但能动，而且每只眼睛都有上中下三组'摄像头'，比二郎神的眼睛还要多！"

二郎神,
你的眼睛有我多吗?
你的眼睛能
自由移动吗?

眼睛多有啥好呀,
买眼镜还不是得
多花钱。

雀尾螳螂虾的复眼

雀尾螳螂虾的复眼是由成百上千只小眼排列形成的，每只小眼都能够独立感光。

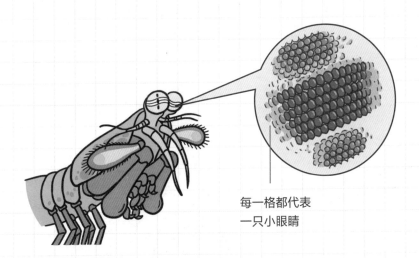

每一格都代表
一只小眼睛

"在俺们节肢动物门，'摄像头'多倒不算什么新鲜事，你知道哥身上最厉害的是什么吗？说出来吓死你！哥拥有全世界最强的颜色识别能力！"

狗的视锥细胞最敏感的颜色

"所有动物都需要依靠眼睛中的视锥细胞来识别颜色。狗有两种视锥细胞，能看到绿色、紫色，然后通过大脑的"脑补"，看到蓝色、黄色和灰色。"

> 我有两种视锥细胞，所以我能看到绿色和紫色。

经过大脑分析视锥细胞的信号后，狗能看到的颜色

人的视锥细胞最敏感的三种颜色

"你们灵长类通常有三种视锥细胞，所以你们能看到黄色、绿色和紫色，然后再通过大脑的"脑补"，看到其他颜色。"

经过大脑分析视锥细胞的信号后，人能看到的颜色

 也有专家认为人的三种视锥细胞分别看到红色、绿色和蓝色，然后通过"脑补"，看到其他颜色。

视觉超群的雀尾螳螂虾

"我们雀尾螳螂虾就不一样了。据科学家研究，某些品种的雀尾螳螂虾视锥细胞非常多，不但能看到红橙黄绿青蓝紫，还能看到紫外线！"

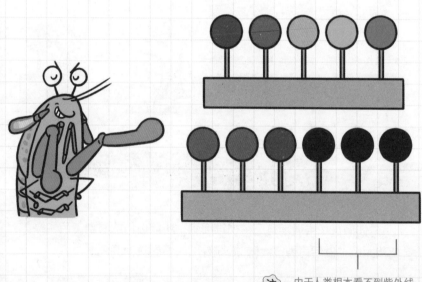

注　由于人类根本看不到紫外线，所以这里只能印成黑色。

这屁股我不要了！你不知道的动物科学

"这就要说到灵长类动物的大脑分析颜色信号的原理了。比方说，如果一束红光照在你们的眼睛里，对紫色最敏感的视锥细胞就没反应，对绿色最敏感的视锥细胞会发出很弱的信号，对黄色最敏感的视锥细胞会发出强烈的信号。"

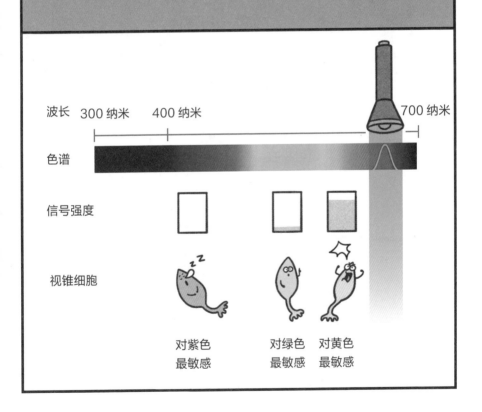

波长　300 纳米　400 纳米　700 纳米

色谱

信号强度

视锥细胞

对紫色
最敏感

对绿色
最敏感

对黄色
最敏感

"通过分析这三种信号的强度，你们的大脑不但会推测出这是一种红色，而且能准确判断是哪一种红色。"

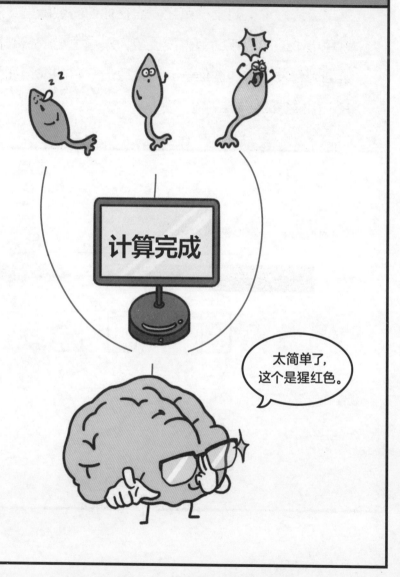

"我们雀尾螳螂虾虽然有很多种视锥细胞，但是我们的大脑不能同时分析这么多种信号的强度。"

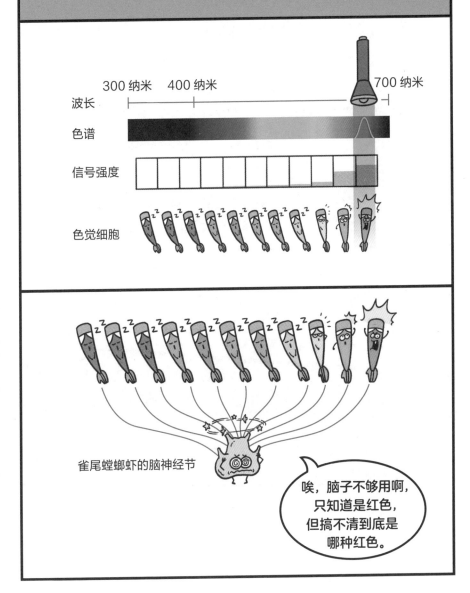

"哥挥一挥流星锤，只需要五百分之一秒，速度能达到每小时 70 千米！"

"哥一锤子下去，就像一颗子弹射在你身上。"

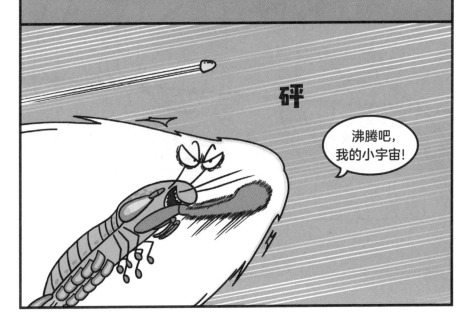

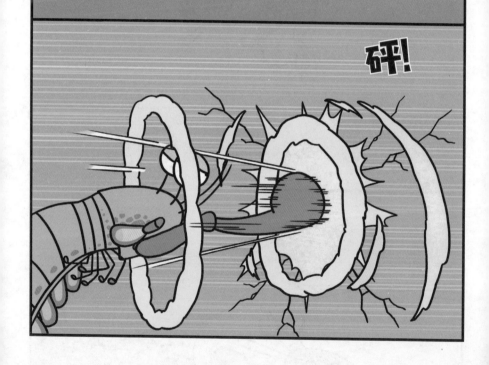

"锤头打下去的一瞬间，还会产生一个真空泡，真空泡破裂又产生冲击波，和锤头的力度相叠加，让你痛哭流涕，痛彻心扉，痛不欲生！"

 雀尾螳螂虾打在物体上时，"前臂"和"大臂"是垂直的，而不是伸展开的。这里的漫画画得有点夸张了。

只听见咣当一声，雀尾螳螂虾竟然把玻璃缸打出一条裂缝。水顺着裂缝流出来，玻璃缸再也支撑不住了，哗啦一下碎了一地。

然而此时此刻，山小魁不但不害怕，反而露出了诡异的笑容。

水中小霸王——雀尾螳螂虾

雀尾螳螂虾是一个名副其实的水中小霸王，它平时不但敢揍贝类，揍螃蟹，甚至连章鱼都敢揍。

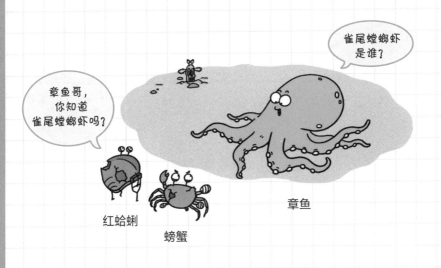

红蛤蜊

螃蟹

章鱼

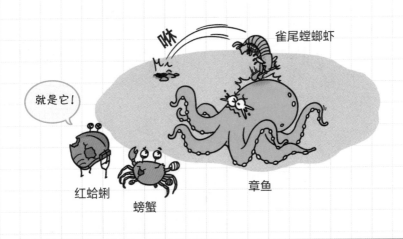

红蛤蜊

螃蟹

章鱼

"不好，这屎上有毒！"

在一个阳光明媚的下午，谢耳朵来山小魁的家里做客。当然，山小魁不会放过每一个让谢耳朵请客的机会，就算是在自己家里也一样。

忽然，山小魁瞥见地上有一个小小的黑影在快速移动。

他二话不说，抬脚就踩，踩得灰尘都飞起来了。

地上的黑影很会躲闪，但还是被山小魁踩到了。他抬起脚一看，原来是一只蟑螂。

谢耳朵凑上前定睛一看，一下子就认出这是蟑螂中的德国小蠊lián。

/ "不好，这屎上有毒！"

于是，谢耳朵把山小魁的身体缩成了蟑螂的大小，让他穿上死蟑螂的外壳，还把蟑螂的油脂涂在他的身上。

/ "不好，这屎上有毒！"

德国小蠊的表皮会分泌一种油脂，其中含二十多种不同的碳氢化合物。而且，每只德国小蠊分泌的油脂的气味都不太一样。因此，德国小蠊区分谁是亲戚，谁是同类，谁是外来物种，主要不是靠眼睛看，而是靠触角"闻"。

蟑螂药 蟑螂天线

蟑螂天线，能识别蟑螂释放的各种信息素。

除了表示身份之外，德国小蠊的油脂还有一项重要的功能：召唤同伴。正是在油脂气味的召唤下，德国小蠊才会聚在同一个地方生活。它们相信，油脂气味最浓的方向，就是家的方向。因此，这种油脂又叫作聚集信息素。

/ "不好，这屎上有毒！"

顺着聚集信息素的方向，山小魁钻进了厨房里的一个阴暗潮湿的角落。地上堆满了虾壳、薯片和各种碎屑，都是山小魁之前吃零食时掉下来的残渣。原来，德国小蠊就是靠吃这些残渣维持生活的。

不管三七二十一，山小魁掏出蟑螂药就往零食残渣上撒，一边撒还一边念念有词。

忽然，山小魈背后的墙缝里露出了几个小脑袋。

山小魈走近一看，缝隙里爬满了大大小小几十只德国小蠊。原来，这个缝隙就是德国小蠊的家！

还没等山小魁反应过来，好几只若虫就拥了上来，伸出触角，在山小魁身上摸来摸去，显得十分亲密。

/ "不好，这屎上有毒！"

蟑螂的若虫和成虫

　　如果一种昆虫小时候和长大以后看起来差不多，生活习性也类似，那么它就属于不完全变态昆虫。不完全变态昆虫的幼虫也叫作若虫。

| 1 龄若虫 | 4 龄若虫 | 成虫 |

原来，德国小蠊喜欢用触角相互抚摸，这是它们生活中必不可少的"社交活动"。相互抚摸可以刺激若虫发育。如果把一只德国小蠊若虫单独关起来，禁止其他德国小蠊摸它，它的发育就会变慢，长成成虫的时间会延迟。

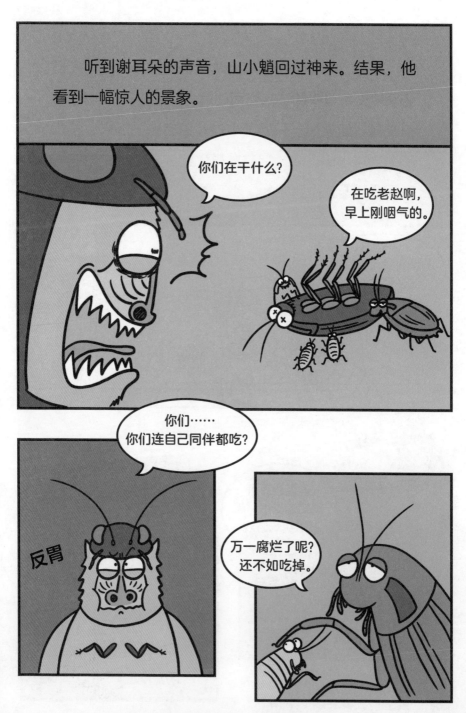

看到德国小蠊连同伴的尸体都吃，山小魁刚刚建立起的对它们的好感，一瞬间消失了。

恶心死了！
肚子也开始疼了。

/ "不好，这屎上有毒！"

山小魈越吐越难受，连肚子都跟着疼起来了。他顾不了自己是谁，现在在哪儿了，先就地解决了再说！

万万没有想到的是，德国小蠊们不但没有被屎熏走，反而纷纷围了上来。

德国小蠊的若虫活动能力比较弱，所以它们很少外出觅食，而是家里有啥就凑合吃啥。那么，在德国小蠊生活的地方，什么东西最充足呢？当然是蟑螂屎和蟑螂的尸体了！然而，当德国小蠊们对着山小魁的便便大快朵颐的时候，意想不到的事情发生了！

山小魁转身一看，终于搞清楚了德国小蠊们纷纷倒地的原因。

/ "不好，这屎上有毒！"

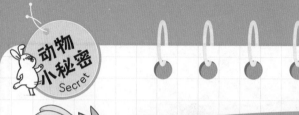

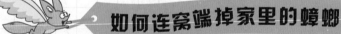

如何连窝端掉家里的蟑螂

在现实生活中，我们当然不能把山小魈变小，再去给蟑螂投药，但我们可以让蟑螂自己往窝里"投毒"。有一种慢效蟑螂药就是利用这种原理。吃了这种药以后，蟑螂不会立刻死亡，而是会跑到蟑螂聚集的地方，在里面排泄、呕吐，然后死在里面。这样一来，其他蟑螂即使没有直接吃下药，但当它们吃下死去蟑螂的粪便、呕吐物或者尸体以后，就会中毒。用这种方法，我们就算没法直接捣毁蟑螂窝，也能把一群蟑螂连窝端掉。

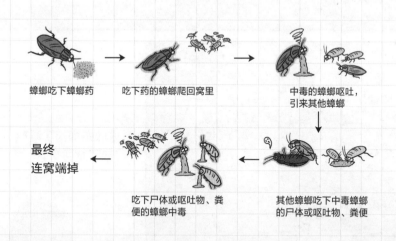

蟑螂吃下蟑螂药　　吃下药的蟑螂爬回窝里　　中毒的蟑螂呕吐，
　　　　　　　　　　　　　　　　　　　　　　引来其他蟑螂

最终
连窝端掉　　←　　吃下尸体或呕吐物、粪　　←　　其他蟑螂吃下中毒蟑螂
　　　　　　　　便的蟑螂中毒　　　　　　　　的尸体或呕吐物、粪便

但是，只杀死活着的德国小蠊还不够，因为它们还可能留下"种子"，将来会死灰复燃。

防止蟑螂利用卵鞘

山小魈拿到的不是别的，正是德国小蠊留下的"种子"。原来，德国小蠊"怀孕"的时候，会在腹部形成一个卵鞘。每个卵鞘平均可以孵出 40 只若虫。因此，要想彻底消灭家里的蟑螂，就要坚持用药一段时间，防止它们利用卵鞘死灰复燃。

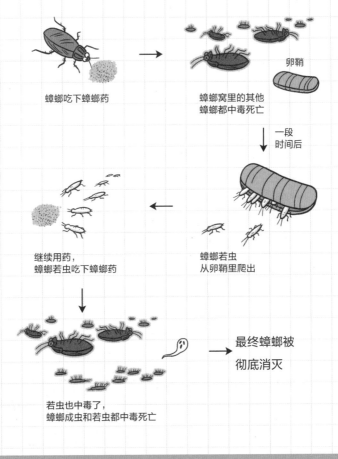

蟑螂吃下蟑螂药

蟑螂窝里的其他蟑螂都中毒死亡

卵鞘

一段时间后

蟑螂若虫从卵鞘里爬出

继续用药，蟑螂若虫吃下蟑螂药

若虫也中毒了，蟑螂成虫和若虫都中毒死亡

最终蟑螂被彻底消灭

　"不好，这屎上有毒！"

怎样拒绝蚊子送你"红包"？

夏天到了，可以露营啦！山小魁早就在钢筋水泥的城市待腻了。一天，他早早收拾好吃的、喝的和各种露营装备，拽起谢耳朵就往天目山里跑。

好不容易走到露营地，山小魁却一点儿也高兴不起来。因为他刚刚收到了十几个"红包"，又胀又痒，而且全在脸上。不用问，都是山里的蚊子们送的。

于是，山小魁的当务之急，是赶紧把蚊帐拿出来，让谢耳朵搭起来。

可是，山小魁翻遍了书包，也没看到蚊帐的影子。
这下可好，就连谢耳朵都要跟他一起收"红包"了。

糟了！
蚊帐好像不在包里。

这么重要的东西都
忘带？你是想叫我陪
你一起喂蚊子吧？

几只蚊子在山小魈周围飞来飞去，飞得山小魈心惊胆战。他真的不想再被蚊子咬了，于是提议，赶紧收拾东西回家，下个月再来露营。就在此时，地上的一株小草引起了谢耳朵的注意。

这可不是普通的小草，而是一株除虫菊。谢耳朵想起书中说过，除虫菊可以做成蚊香。有了蚊香，这几天的露营计划就不会泡汤啦。

你看，现在正是除虫菊开花的季节，你去采一些回来，我们做成蚊香。

好，包在我山小魈的身上了。

一下午的工夫，山小魈在山坡上采了满满一筐除虫菊。看着这一筐相貌平平的小花，山小魈的心里直犯嘀咕：它们真的能做成蚊香，赶走蚊子吗？

"扎姆提科夫发现，欧洲高加索地区一些部落的人们，会往自己的身上摸一种能杀死跳蚤、虱子的粉，叫波斯粉。这种粉就是除虫菊晾干后磨成的。于是，世界各地都争相引入除虫菊种植。"

"可是，天天把波斯粉往身上抹实在太不方便了。得想个办法让它自动发挥功效才行。"

"这就要说到中国古代人的驱蚊办法了。他们会把蒿草、艾草搓成绳子，挂起来点燃，用它们发出的浓烟驱赶蚊子。"

"日本人上山英一郎从中国古代人的驱蚊办法得到启发，他请工匠把除虫菊的粉末加工成螺旋形的固体，这便是盘式蚊香。"

除虫菊为什么能杀蚊？

　　除虫菊的杀虫成分，叫作除虫菊酯，对蚊子来说，这是一种能麻痹神经的毒素。

正常的神经

钠离子通道
请有序进入

中毒的神经

钠离子通道
请有序进入

　　天然的除虫菊酯虽然有效，但是它见光会分解，不易存储。于是，科学家通过实验，用化学合成的方法，研制出了拟除虫菊酯。这便是现代蚊香的常见成分。

拟除虫菊酯

除虫菊酯

讲完蚊香的故事后，谢耳朵话锋一转，说除虫菊做成蚊香得好几天。这可把山小魈急坏了。

所以，我们先把除虫菊晾几天，等它干了以后磨成粉。

什么? 要先晾好几天才能用? 那今晚怎么办?

面对山小魈的慌乱，谢耳朵早有准备。他从行囊里掏出了一个小小的瓶子，里面装着一种透明的液体。

别着急，今晚我们用驱蚊液凑合一下。

驱蚊液是什么东西? 管用吗?

驱蚊液，顾名思义只能驱蚊，不能杀蚊。它的发明要追溯到 1942 年。

据说，当时美国士兵正在太平洋战场上与日军交战。万万没想到，他们的敌人不只有日军，还有丛林里成群结队的野蚊子。

于是，在美国军方的要求下，美国农业部在奥兰多实验室开展了一项实验。

这么多化学物质，哪一种物质的驱蚊效果最好呢？科学家找来一群精壮小伙，请他们伸出胳膊，分别涂上化学物质，然后伸进蚊子堆里，看看有多少蚊子会扑上去叮咬。前前后后共试验了 6241 种化学物质。

蚊子的日子也不怎么轻松。4000 只老老少少被关在大大小小的笼子里，要吃没吃，要喝没喝。

就算有胳膊伸进来喂它们，它们也不一定敢往上扑，因为胳膊上总是会有奇怪的气味。

　　每隔一段时间，科学家都要把原来的蚊子移走，再换上新来的蚊子。

　　因为蚊子喂过几次之后就饱了，遇到干净的胳膊也不会很快扑上去叮咬。这会导致实验数据不准确。

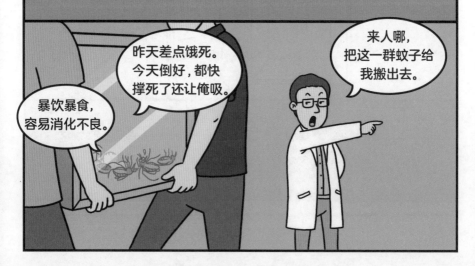

这个"血淋淋"的实验持续了6年。在换过一茬又一茬精壮的小伙儿和吃撑的蚊子后，科学家终于找到了一种驱蚊能力强的物质——N，N-二乙基苯甲酰胺。

可惜，这种物质会刺激皮肤，无法大规模应用。

就像拟除虫菊酯一样，科学家继续用化学方法研究，终于在它的 33 种衍生物中，找到了一种无毒无刺激、驱蚊持续时间长的化合物，并将它命名为避蚊胺。

避蚊胺为什么能驱赶蚊子呢？可能是因为它能干扰蚊子的嗅觉，让蚊子闻不到人的气味。另一种可能的原因是，蚊子很讨厌避蚊胺本身的气味。

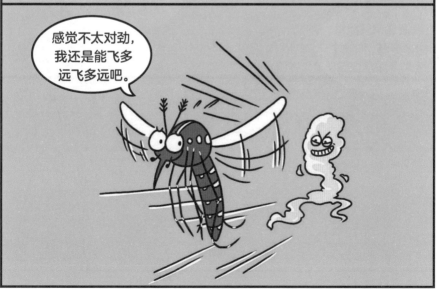

那么，这一夜山小魈睡得好吗？驱蚊液到底起作用了吗？

/ 怎样拒绝蚊子送你"红包"？

被蚊子吸血的害处

　　除了会让人感到瘙痒疼痛以外，蚊子吸血还有一大危害，那就是传播疾病。假如有人得了疟疾，蚊子吸完他的血后再去吸山小魈的血，就有可能让山小魈也得疟疾。

　　为什么呢？因为疟疾可以通过血液传播，蚊子相当于做了病原体的"搬运工"。

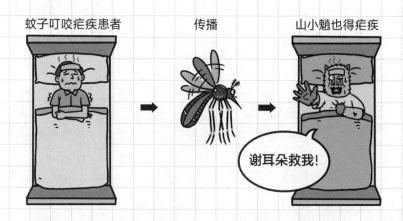

蚊子叮咬疟疾患者　　　　传播　　　　　山小魈也得疟疾

谢耳朵救我！

　　可怕的是，除了疟疾以外，蚊子还能传播很多其他疾病，比如登革热、寨卡病毒、丝虫病、乙型脑炎等。

世界蚊子日

　注　为了提高公众对蚊子传播疾病的认识，8 月 20 日被确定为世界蚊子日。

当山小魁变成一只蚊子

一天下午，山小魁午睡起来，发现脸上又多了一个"红包"，顿时气不打一处来。

可恶的蚊子！

更可气的是，咬他的蚊子正挺着大肚子，蹲在桌子上悠闲地擦拭着口器。

吃得好饱啊！好开心呀！

山小魈随手抓起一个玻璃杯，将蚊子扣在里面。此时，他的内心已经想出了 100 种对付蚊子的方法。

哪里跑！哥来报仇了！

说到蚊子，山小魈就开心不起来。因为每次出门，挨蚊子叮咬的总是他，蚊子从来没有叮过谢耳朵。他觉得，肯定是谢耳朵使了什么诡计，让本该叮咬谢耳朵的蚊子去叮咬自己了。

想到这儿，山小魈突然冒出一个大胆的想法：应该放这只蚊子一条生路，去咬谢耳朵。

可是，蚊子女士一口回绝了山小魈的提议，因为现在吃得太饱，已经没法再去叮咬谢耳朵了。这可怎么办呢？

就这样，山小魁用超能力手套把自己变成了一只蚊子，然后在刚才那只蚊子的指导下，飞进谢耳朵的房间，趁谢耳朵不注意，落在了谢耳朵的脚背上。

蚊子为什么要吸血？

实际上，并不是每只蚊子都吸血！

雄蚊子就只爱"吃素"，主要靠吸食花蜜和植物汁液等存活，吸血的是雌蚊子。

雌蚊子也吸食植物汁液，但它们只有吸食人或动物的血液，才能维持卵巢发育和产卵。

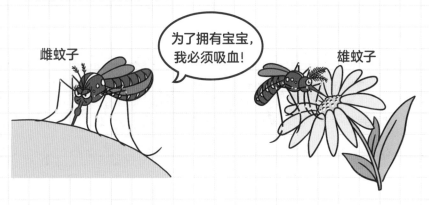

雌蚊子

为了拥有宝宝，我必须吸血！

雄蚊子

这下你知道了，前边故事中，为了叮咬谢耳朵，山小魈要变成一只雌蚊子。

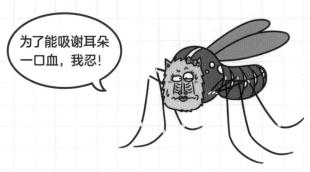

为了能吸谢耳朵一口血，我忍！

山小魁抬起自己长长的"嘴巴"，狠狠地朝谢耳朵的脚背上刺去。

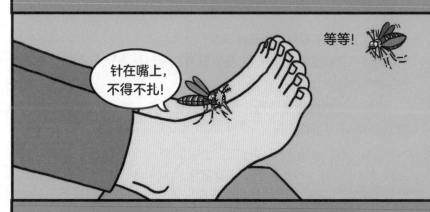

结果，山小魁的"嘴巴"差点儿被自己撅折了，痛得他差点儿晕过去。为什么山小魁不能像别的蚊子那样，把"嘴巴"刺入皮肤吸血呢？

蚊子女士打开自己的"嘴巴"，向山小魁进行了一场"蚊子吸血"现场教学。

原来，蚊子的"嘴巴"并不是一根简单的"针头"，而是像由一个撑开钳、两把锯子、两把小刀、一根针头和一根吸管组成的复杂器械。

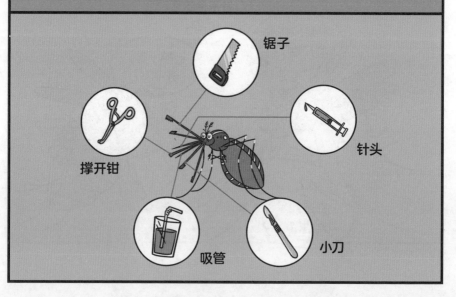

蚊子开始吸血时，首先要把撑开钳放在最下面，起到固定皮肤的作用，这就像护士打针时要用手指按住注射的位置一样。

好嗒。

先把撑开钳放在最下面。

那我现在准备开始了!

等一等，还不行!

接下来，山小魁不能直接把针头刺向皮肤，而是要在撑开钳的帮助下，用两把锯子和两把刀配合锯开皮肤。

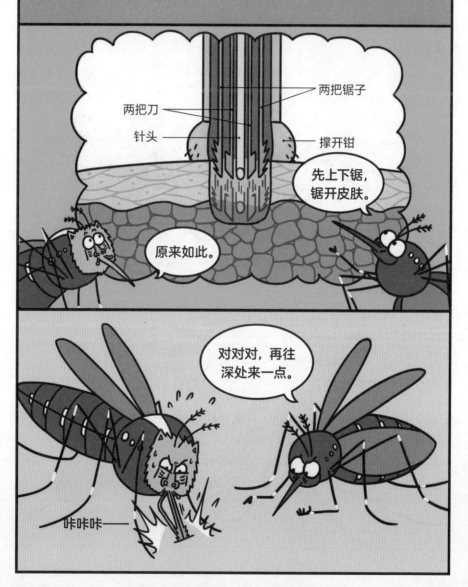

趁着皮肤开裂的一刹那，把针头等一股脑刺进去。
然后用撑开钳撑住皮肤，让皮肤不要闭合。

再用撑开钳
撑开皮肤。

这么复杂。

行了行了，
现在可以了吧。

不行！

不耐烦……

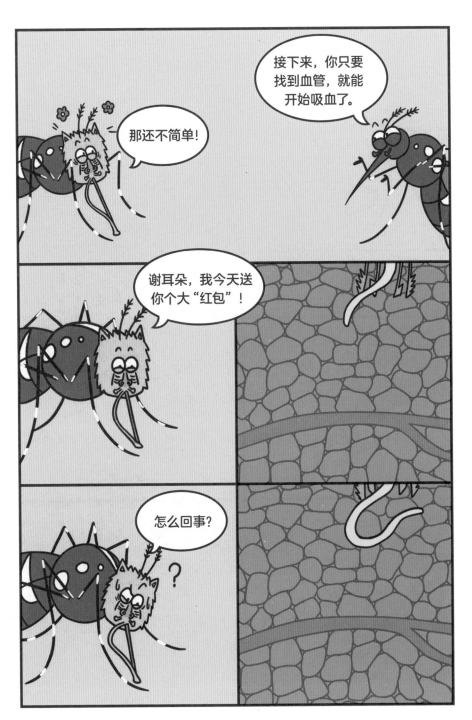

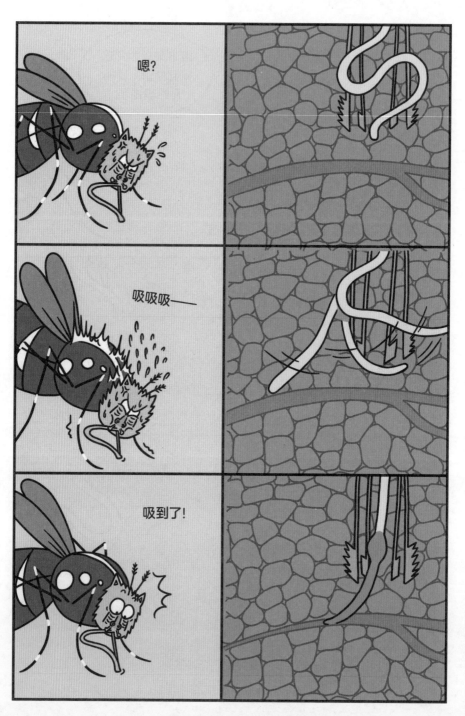

经过一通复杂的操作之后，山小魁终于吸到了血。

这时，山小魁开始一边吸血，一边尿尿。尿尿是为了排出血液中的水分，给肚子多腾点儿地方，以便吸入更多血液。

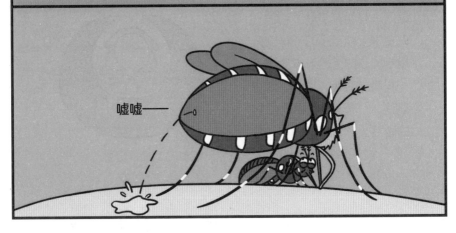

蚊子口器的结构和功能

　　蚊子的口器可不是一根简单的针，而是由七个部分组成的"无痛吸血神器"。最外面是像刀鞘一样的下唇，也就是漫画里的"撑开钳"，里面的则是分工明确的六把组合武器。

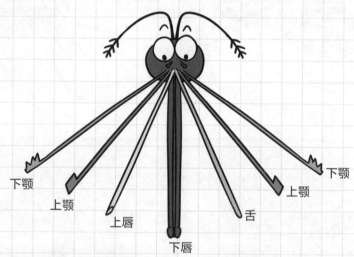

下颚

上颚

上唇

下唇

下颚

上颚

舌

　　它的一对下颚，能够像锯子一样切开皮肤。它的一对上颚，能像小刀一样割开组织。它的上唇可以像吸管一样吸出血液。它的舌则可以注入"麻药"，也就是它的唾液。

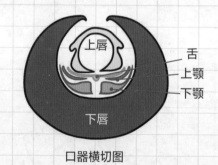

上唇

舌
上颚
下颚

下唇

口器横切图

模仿蚊子口器制作的注射器针头

蚊子虽然很让人讨厌，但是有很重要的科研价值。这是因为，蚊子叮咬吸血时，对方既不会有明显的疼痛感，身体组织的损伤也会比较轻。如果医生注射或者采血时，能用上像这样的针头，你可能就再也不害怕打针了。

护士，轻点！

放心，一点都不疼，跟蚊子叮一样。

科学家改进的针头

科学家们正在为此努力，模仿蚊子的口器制造针头呢。他们按着蚊子的口器结构，将针头加上锯齿。实验表明，这样的针头确实能够减少疼痛，而且更加安全。你期待在医院见到这样的"蚊子针头"吗？

蚊子吸血为什么要先吐口水？

蚊子在吸血前会向你的皮肤里注入唾液，也就是"吐口水"，这可不是随便吐吐！它们的口水中包含蚁酸和抗凝血化合物等，有很多作用。

一是可以让你的皮肤表面角质层溶解，便于它们刺入口器。

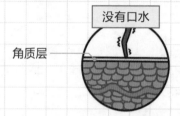

角质层被溶解

二是可以让血液不快速凝固，它们就不会喝着喝着吸不上来了。

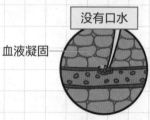

三是可以让你感觉不到皮肤被刺破时的疼痛，便于它们"作案"。

不容易被发现

所以，它们吐口水是为了让自己安全高效地大口吸血。

只见那只蚊子已经变成一摊血。还好山小魁运气好，没被拍到！山小魁急忙扇动翅膀飞到边上。

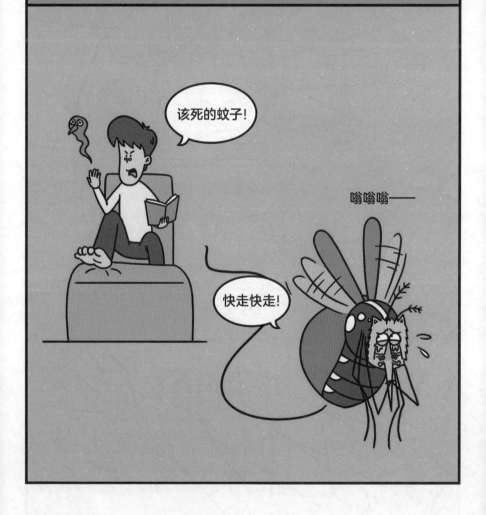

可是，危险并没有解除。只见谢耳朵拿着拖鞋，在房间里使劲挥舞。山小魁左躲右闪，好几次差点儿被拖鞋拍到。

他急中生智，飞到高高的吊灯支架歇一歇。终于，他暂时不会被谢耳朵的拖鞋打到。

该死的蚊子，到哪里去了？

山小魈现在虽然气喘吁吁、灰头土脸，但他的心里别提有多高兴了。

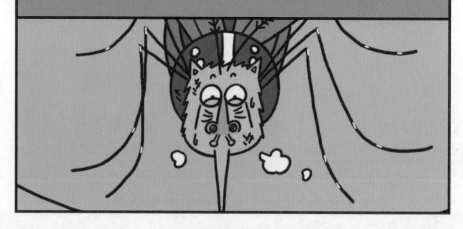

可不是吗？自从谢耳朵把他们的故事做成了漫画书，现在全国人民都知道山小魁的屁股被蚊子叮咬的丑事了。每次一想到这里，山小魁就气得咬牙切齿。

但这一回不一样。这回虽然差点儿被拍扁，但山小魁确实成功叮咬了谢耳朵。山小魁终于赢了一回！

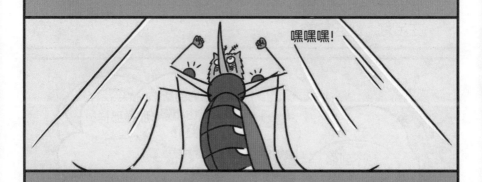

山小魁一不做二不休，打算带着一肚子血飞到谢耳朵漫画工作室。他要把谢耳朵的惨状讲给工作室的漫画师听。

让他们把这件事也画在书上，让全国人民都知道他的壮举。山小魁一边幻想着大家夸他的场景，一边在吊灯上跳起舞来。

山小魈低头一看，原来自己的肚子上有一个小洞，血液正在顺着小洞汩汩地向外流。他害怕极了！他无法理解刚才到底发生了什么事。

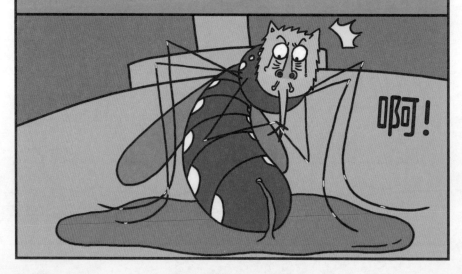

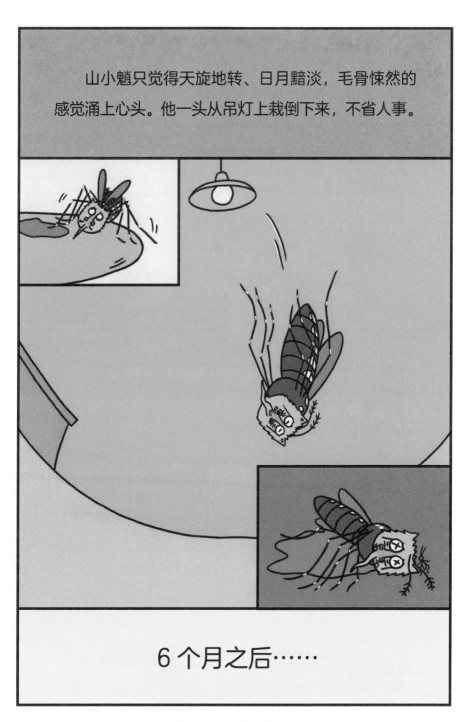

山小魈只觉得天旋地转、日月黯淡，毛骨悚然的感觉涌上心头。他一头从吊灯上栽倒下来，不省人事。

6 个月之后……

谢耳朵漫画工作室里喜气洋洋，因为《这屁股我不要了！你不知道的动物科学》新版图书上市啦！

山小魁惊讶地发现，他叮咬谢耳朵的事情赫然出现在了新版图书上。

这个故事的结局是，山小魁在吊灯上手舞足蹈的时候，被一只更小的虫子——蠓叮咬了一口。蠓在他的肚子上破开了一个小洞，美美喝了一顿！

当山小魈晕倒之后，这只蠓还站在山小魈旁边，让别人帮他拍了一张照片。山小魈定睛一看，倒吸一口冷气。原来，这只蠓是谢耳朵变的啊！

嘻嘻! 我要把这事写在我的新书上!

气死我了! 谢耳朵又让我丢脸了! 这个仇我一定要报!

吸蚊子血的蟆

漫画中让山小魈肚子空空的动物叫作"嗜蚊库蟆"。看名字就能猜到，它的食物是蚊子。谢耳朵正是变成了这种虫子，趁山小魈吸饱血的时候，扑上去吸它肚子里的血。可是蚊子整天飞来飞去，要吸它的血可不容易。不过，嗜蚊库蟆也有特别厉害的口器，只要把口器往蚊子的肚子上一扎，它就能牢牢固定在蚊子身上，甚至两天也不会掉下来。

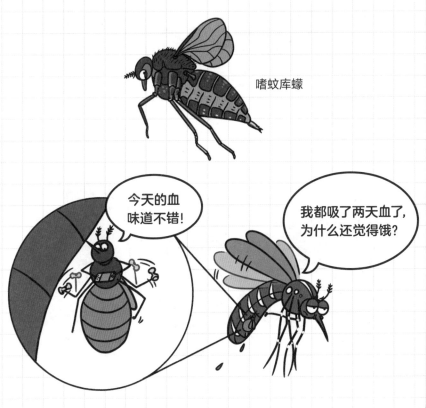

嗜蚊库蟆

今天的血味道不错！

我都吸了两天血了，为什么还觉得饿？

雌性嗜蚊库蠓只有吸了血之后才能够产卵，繁殖后代。而被它们吸走血的蚊子因为营养不足，产卵率会大大下降。没想到讨人厌的蚊子也会被别的生物吸血吧？真可谓是一物降一物。

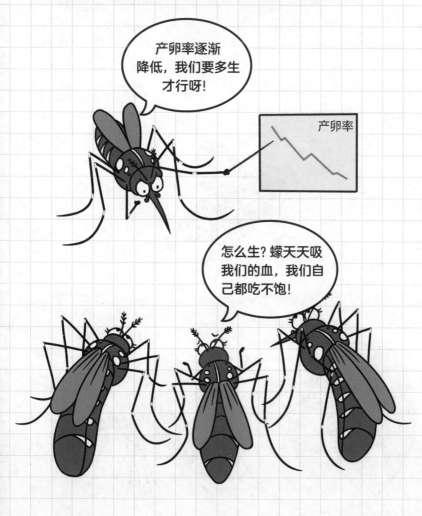

这屁股我不要了！你不知道的动物科学

还有哪些昆虫会吸人的血？

除了文中提到的蚊子以外，还有很多昆虫也会吸血，包括蜱虫、牛虻、跳蚤、舌蝇、锥蝽、吸血蛾、白蛉等。

对于这些昆虫来说，血液富含营养，还易于吸收，简直是"最佳能量饮料"。

但对于人类来说，这些昆虫的危害可不小。比如，蜱能携带80多种病毒。人被蜱虫叮咬后，有可能感染莱姆病、蜱媒脑炎、蜱传斑疹伤寒等。如果得不到及时有效的治疗，患者甚至会瘫痪或死亡！

所以人们去野外玩耍时，应该提防的可不止蚊子！

吸血大军

人类，颤抖吧！

锥蝽　　跳蚤　　蜱虫　　牛虻　　舌蝇

故事 14.
蚯蚓一分为二后，能长成两条蚯蚓吗？

"从前，在茂密的草丛里生活着快乐的蚯蚓一家：蚯蚓妈妈、蚯蚓爸爸和蚯蚓宝宝。"

没有人陪我玩……

| 这屁股我不要了！你不知道的动物科学

/ 蚯蚓一分为二后，能长成两条蚯蚓吗？

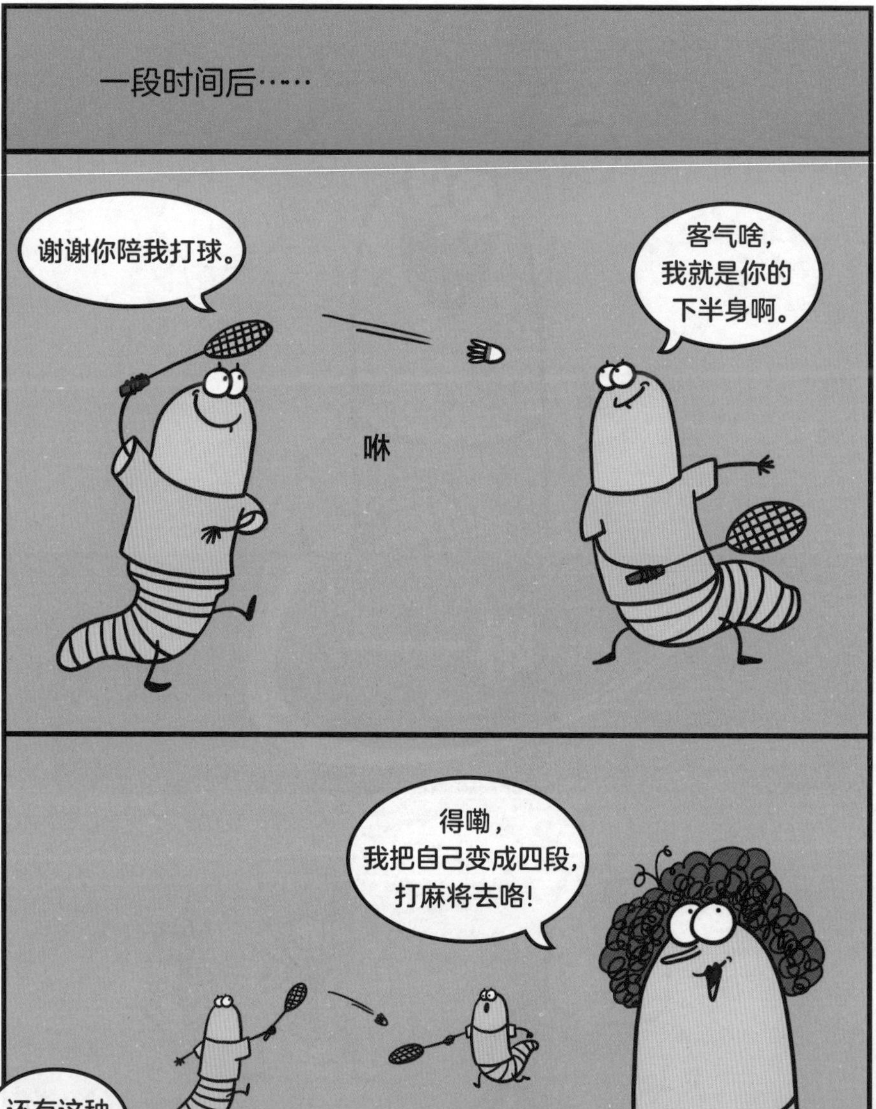
一段时间后……
谢谢你陪我打球。
客气啥，我就是你的下半身啊。
咻
得嘞，我把自己变成四段，打麻将去咯！
还有这种操作……

/ 蚯蚓一分为二后，能长成两条蚯蚓吗？

蚯蚓一分为二后，能长成两条蚯蚓吗？

正在交配的蚯蚓

每一条蚯蚓，既是公的，又是母的，这叫雌雄同体。不过，它们不能自己跟自己交配，必须两条蚯蚓互相交换精子，这叫异体交配。

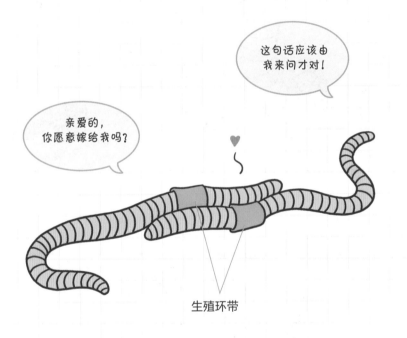

生殖环带

　蚯蚓一分为二后，能长成两条蚯蚓吗？

所以，蚯蚓的家庭伦理要比我们想象的复杂得多！

你爸有我爸厉害吗？

咦？这个叔叔我好像认识！

我的小心肝儿。

妈！你不认得我啦？我是蚯小蚓啊！

并不是所有的蚯蚓都有强大的再生能力。比如我们常见的陆正蚓，若被切掉尾巴，多半不会再长出来。有的蚯蚓倒是很擅长再生，比如赤子爱胜蚓。

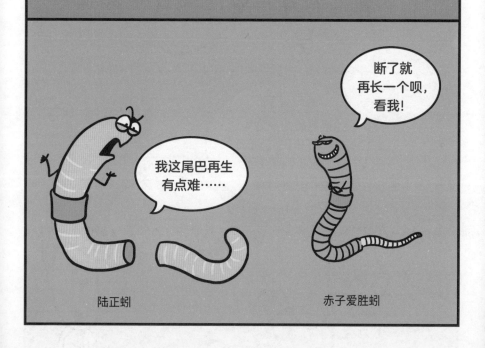

陆正蚓

赤子爱胜蚓

不过，它的再生能力再强，也是有限度的。中国科学院动物研究所的动物学家曾用赤子爱胜蚓做过一组再生实验。他们把蚯蚓大概按照三种切法切开。

1. 留头切尾

2. 切头切尾

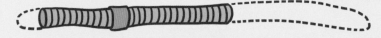

3. 切头留尾

结果发现，两个月以后，其中一种蚯蚓完全再生了，还有一种恢复得差不多，但有一种完全没有再生。

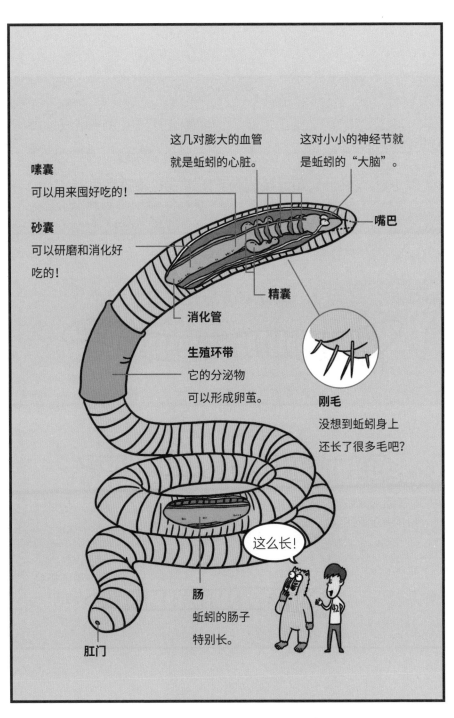

蚯蚓的下半身都是肠，被切掉也不难重新长出来。上半身含多个身体的重要器官，被全部切掉以后要想再长出来估计是不太可能啦！所以，正确答案是：

60 天后……

1. 留头切尾的全部恢复

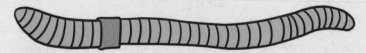

2. 切头切尾的部分恢复

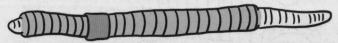

3. 切头留尾的无法恢复

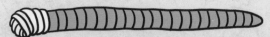

虽然动物学家观察到了赤子爱胜蚓的再生现象，但是这种现象的原理是什么，到底是如何进行的，动物学家们仍然是一头雾水。

5000 万年后称霸海洋！

不管之前经历过多少不愉快，山小魁都能很快忘得一干二净。这一天，他又兴冲冲地带着鼩鼱和阿马乌童蛙来参观博物馆。

大家知道这是什么吗？

不知道！

鼩鼱　阿马乌童蛙

巴基兽
(*Pakicetus*)

咦？这个动物标本好像有点眼熟，又有点陌生。
它到底是什么？

突然，山小魁的身后又传来一个熟悉的声音。

山小魁一脸尴尬地转头看是谁打断他，原来是谢耳朵。

刚要耍帅就被戳穿，山小魁恼羞成怒，大声喊起来。

山小魈死扛着不认错，反而勾起了谢耳朵讲故事的欲望。

今天，我就来讲一讲它的故事，大家想不想听呀？

想！

他转头对鼩鼱和阿马乌童蛙说："在中国的西边，有一个国家叫巴基斯坦。在约 5000 万年以前，那里生活着一种长相奇怪的哺乳动物，它的名字叫巴基兽。"

"有一天，巴基兽来到一条小河边，突然它一头扎进了水里。"

扑通

"它憋着气，不断用腿扑腾水，使劲向前游。原来，它想要捉到前面的两条鱼。"

我要吃鱼！

努力游动

"可是，巴基兽是一种陆地哺乳动物，根本不能长时间游泳。它游着游着，实在游不动了，只好放弃目标，开始往水面上浮。"

"回到水面的巴基兽，大口喘着粗气，显得十分狼狈。"

"湿漉漉的巴基兽一点儿也不服气。"

哼！你们等着，哪天我能长时间在水里游泳了，一口吞了你们！

巴基兽

哈哈哈哈，就你？

你再练个几年也抓不到我们！

『历经数千万年的变迁……』

谢耳朵讲完，山小魁和小动物们都一脸震惊，他们兴奋地大喊起来。

阿马乌童蛙
（世界上最小的两栖动物）

鼩鼱
（世界上最小的哺乳动物）

鲸是一种哺乳动物

鲸和我们见到的马、牛、羊一样，是一种哺乳动物。鲸宝宝不是从鱼卵里孵出来的，而是鲸妈妈怀胎数月以后生出来的。刚出生的鲸宝宝就像小马、小牛和小羊一样，要吃妈妈的乳汁。

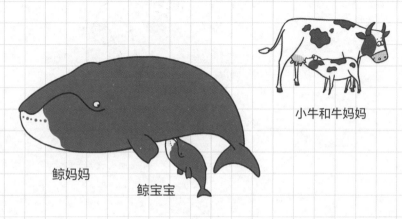

小牛和牛妈妈

鲸妈妈

鲸宝宝

而且，鲸不像鱼类那样用鳃呼吸，而是用肺呼吸。每头鲸的头上都有专门的通气孔，它的作用相当于我们的鼻孔。

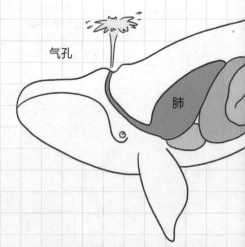

气孔

肺

动物小秘密 Secret

鲸的演化图

在 5000 多万年以前，大海里一头鲸也没有。在大自然"适者生存"的选择作用下，鲸的祖先经过一代又一代的基因变异，逐渐从一种陆生哺乳动物演化成了现在的样子。

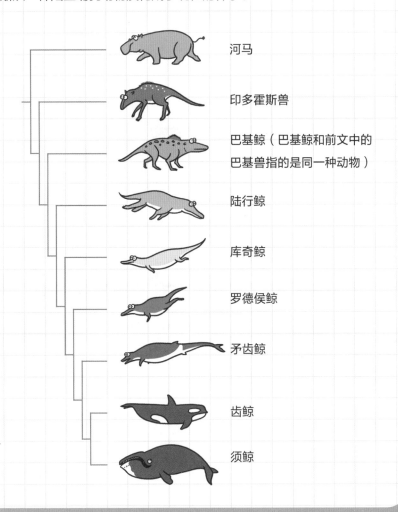

河马

印多霍斯兽

巴基鲸（巴基鲸和前文中的巴基兽指的是同一种动物）

陆行鲸

库奇鲸

罗德侯鲸

矛齿鲸

齿鲸

须鲸

5000 万年后称霸海洋！

巴基兽、河马和鲸

巴基兽是鲸演化过程中的一个中间环节。严格地说，巴基兽不一定是鲸的直系祖先。我们应该说，巴基兽和鲸有共同的祖先。并且，它们共同的祖先又和河马的祖先拥有共同的祖先。

河马　　　　　　　　鲸　　　　　　　　河马

奇怪的动物园

郊外新开了一家"奇怪动物园",据说里面有很多奇怪的野生动物。

啾
啾

奇怪动物园

啾

这么好玩的地方，山小魁怎么会放过。他一通软磨硬泡，终于说动了谢耳朵，让他带自己来逛奇怪动物园。

哇!
逛动物园咯!

谢耳朵，
逛动物园为啥
还要坐观光车?

因为这里是
野生动物园呀!

"谁知道角马居然不是马！"山小魁还没来得及懊恼，就被旁边一只毛茸茸的野牛吸引住了。

他招呼也不打，哧溜一下就跑下了车。

（注：在野生动物园驾车游览时，不要在非下车区下车哟！）

/ 这屁股我不要了！你不知道的动物科学

牦牛和麝牛

牦牛属于牛科牛亚科，主要生活在青藏高原。为了抵御严寒，牦牛的肩、肚子和屁股上长满了长长的毛，像是穿着一条毛茸茸的连衣裙。

麝牛属于牛科羊亚科，主要生活在北极附近的寒冷地区。由于它外表长得像牛，加上交配季节到来时，雄性麝牛会发出强烈的香气，所以它才有了"麝牛"的名字。虽然名字叫牛，但它跟绵羊和山羊的关系更近，跟牛的关系较远。

牦牛

麝牛

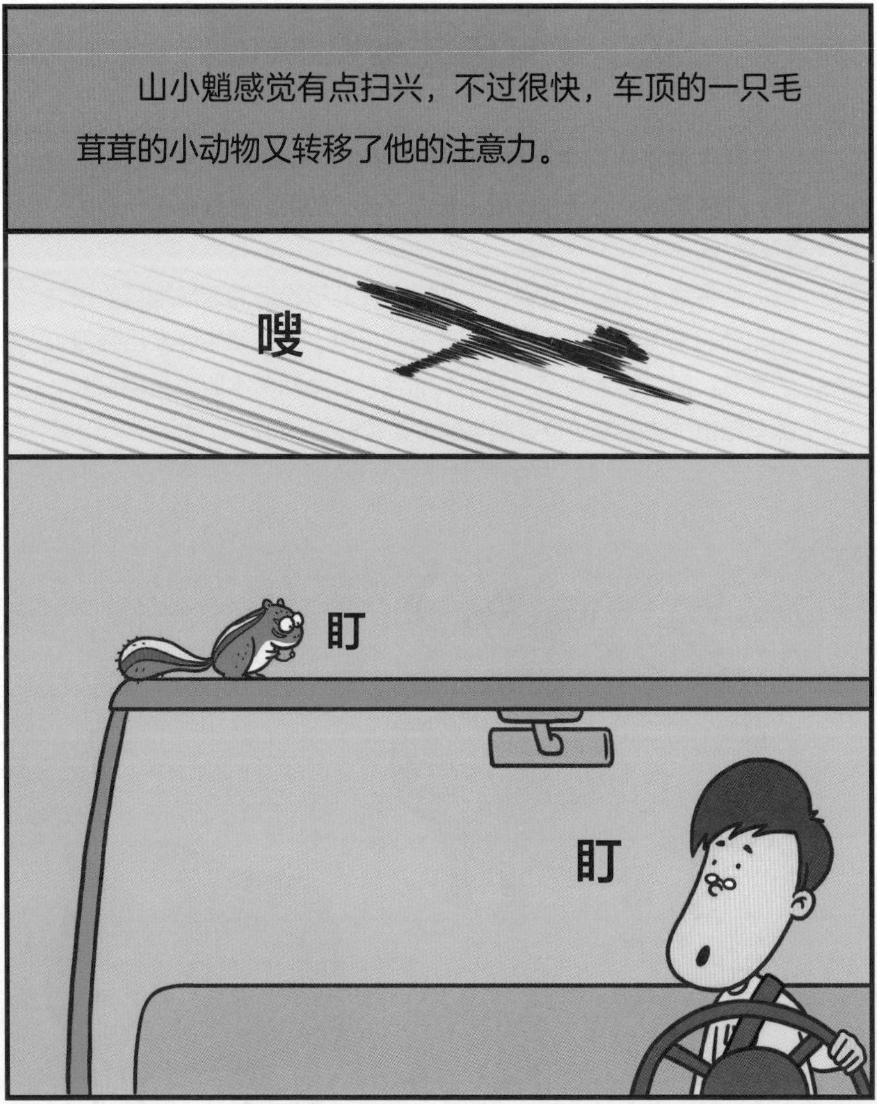

山小魁感觉有点扫兴，不过很快，车顶的一只毛茸茸的小动物又转移了他的注意力。

嗖

盯

盯

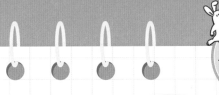

我们通常说的松鼠，比如灰松鼠和红松鼠，身上都没有条纹，平时住在树上。

花栗鼠是松鼠的近亲，它的身上有一组很酷炫的条纹，平时多住在地洞里。

灰松鼠

花栗鼠

又往前开了一段路，山小魁惊奇地发现，一大一小两只"耗子"正在草地上找东西吃，看起来很悠闲。

听到谢耳朵不断纠正他的错误，山小魈再也坐不住了，这跟以前在教室里上课有什么区别？山小魈让谢耳朵停车，然后他怒气冲冲地摔门而去。

你烦死了！
我自己看自己的。

一会儿记得来吃午饭哟！别跑丢了。

砰!

随着谢耳朵一脚油门踩下去，山小魁的耳根终于清静了！他开开心心地跑到一棵枯树下，开始自由地结识新的小伙伴。

蟆口鸱和猫头鹰

蟆口鸱是一种在夜间捕食的鸟，主要生活在大洋洲。虽然它长得有点像猫头鹰，但它的爪子没有猫头鹰那么锋利，飞行能力也不如猫头鹰出色。所以，它朝着另一个方向发展了技能：它可以好长时间一动不动，把自己伪装成一根树干。

猫头鹰

蟆口鸱

注 蟆口鸱和猫头鹰一样是夜行性动物，蟆口鸱主食飞虫。

蟆口鸱的态度比谢耳朵还差！山小魈郁闷极了。为了证明自己，他决定专门挑自己熟悉的动物打招呼，没想到闹出的笑话层出不穷。

动物
小秘密
Secret

鹊鸲和喜鹊

　　鹊鸲虽然长得有点像喜鹊，但它的身材只有喜鹊的一半大。而且，它只生活在亚洲南部地区，不像喜鹊那样分布在世界各地。

鹊鸲

喜鹊

奇怪的动物园

白蚁、蚂蚁和蟑螂

蚂蚁小兄弟好！

我不是蚂蚁，我是蜚蠊目的白蚁，是蟑螂的亲戚。

白蚁

白蚁和蚂蚁的外形区别很大。白蚁长得白白胖胖，像是藏着很多肉。蚂蚁的颜色通常都比较深，腰部很细。从生物分类学上看，白蚁和蟑螂的关系更近，而蚂蚁和蜜蜂的关系更近。

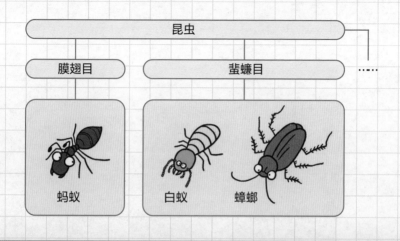

昆虫

膜翅目　　　　　蜚蠊目　　　……

蚂蚁　　　　　　白蚁　　蟑螂

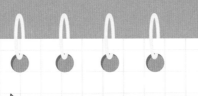

盲蛇和蚯蚓

蚯蚓先生好！

你什么眼神啊？我是盲蛇！

盲蛇

虽然盲蛇和蚯蚓都生活在地下，但盲蛇是一种蛇，属爬行动物，而蚯蚓是一种环节动物。盲蛇有脊椎，有鳞片，有眼睛（虽然视力很差），这些特征蚯蚓都没有。

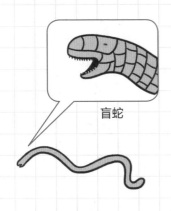

盲蛇

蚯蚓

蛾和蝴蝶

我们知道，蛾和蝴蝶的翅膀上都有很多粉末。如果你在显微镜下仔细观察这种粉末，就会发现它们其实是一片片细小的鳞片。所以，在生物学中，蛾和蝴蝶都属于鳞翅目。

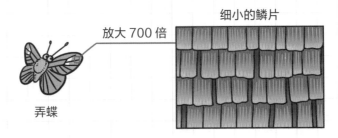

放大 700 倍

细小的鳞片

弄蝶

如果你像山小魈一样，把鳞翅目昆虫中长得好看的叫作蝴蝶，把长得土气的叫作蛾，那就大错特错了。比如，弄蝶虽然长得很土，可它其实是一种蝶。燕蛾虽然长得很花哨，可它其实是一种蛾。怎么样，傻眼了吧？

通常情况下，我们可以用三种办法区分蝶和蛾。

第一，看触角。蝶的触角通常长得像一对棒槌；而蛾的触角有很多种类型，有的像细丝，有的像梳子，有的像羽毛，也有的像棒槌。

第二，看腰围。蝶的肚子比较纤细，而蛾的肚子比较肥大。

第三，看翅膀。蝶休息时会把翅膀竖起来，夹在背后。蛾刚好相反，它休息的时候会把翅膀向两侧铺开。

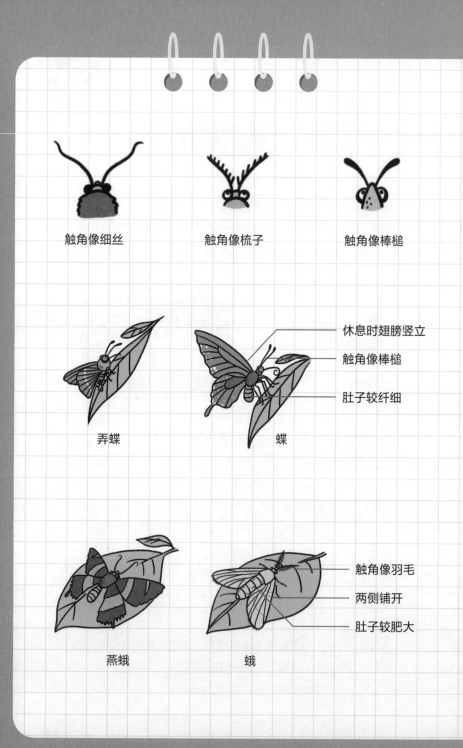

触角像细丝

触角像梳子

触角像棒槌

弄蝶

蝶

休息时翅膀竖立

触角像棒槌

肚子较纤细

燕蛾

蛾

触角像羽毛

两侧铺开

肚子较肥大

小豆长喙天蛾和蜂鸟

中国并没有野生蜂鸟。如果你在白天看到有一种长着长长的喙，能悬停在半空中吸花蜜，还不断发出"嗡嗡"声的"小鸟"，那它十有八九是一种长喙天蛾。

小豆长喙天蛾的触角长得像一对棒槌。你可千万别因为这个就把它认成一种蝴蝶。

小豆长喙天蛾

吸

蜂鸟

山小魁一个动物朋友也没交到，只好哭着回去找谢耳朵。

休息区

呜呜

谢耳朵，我不喜欢逛动物园，你非要叫我来！

哇哇

好好好，吃完午饭带你回去。

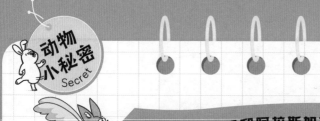

螃蟹、寄居蟹和阿拉斯加帝王蟹

阿拉斯加帝王蟹虽然名字里有"蟹"字，长得像螃蟹，吃起来也像螃蟹，可它并不是一种螃蟹。阿拉斯加帝王蟹和寄居蟹是近亲，它们都属于十足目的异尾下目（又称歪尾下目）。而螃蟹属于十足目的短尾下目。

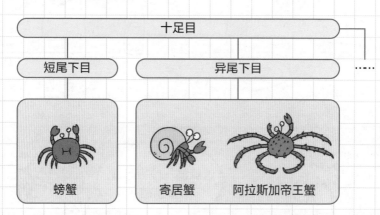

从形态上看，阿拉斯加帝王蟹、寄居蟹与螃蟹有明显不同：一是帝王蟹和寄居蟹后边的步足退化，显得特别小；二是雌性阿拉斯加帝王蟹和寄居蟹的尾巴朝右偏。

尾巴偏向身体右侧
最后一对步足退化

雌性阿拉斯加帝王蟹

尾巴偏向身体右侧
最后两对步足退化

寄居蟹

海带

虽然传统观点认为海带是植物，但是学术界更倾向于把海带放在和植物平行的一个生物界别，叫作色藻。

在几十亿年以前，所有生物的祖先都是由单个细胞组成的。科学家推测，海带的祖先曾经吞下了植物祖先的一个细胞。恰好，这个细胞没有被海带祖先消化，而是逐渐退化成一个海带细胞的叶绿体。因此，谢耳朵说，海带不是植物，但海带的叶绿体可以看成一种植物。

植物界

色藻界

就这样，山小魁乘兴而来败兴而归，他连饭都不想吃了，扭头就要回家。

黑猩猩、山魈和狒狒

人和大猩猩、黑猩猩、猩猩、长臂猿属于灵长类中的人猿总科。它们通常体形比较大，而且都不长尾巴。

我们比较熟悉的几种猴，比如猕猴、金丝猴、狒狒和山魈都属于灵长类中的猴科，它们的体形通常都比较小，而且都长有尾巴。山魈是世界上体形最大的猴科动物，但它的尾巴很短，通常只有5~10厘米，跟其他猴的尾巴相比，几乎可以忽略不计（所以我们在漫画中都懒得给山小魈画尾巴了）。你要说它是一种长得有点像猿的猴也不是不可以。

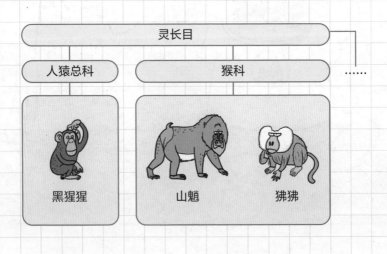

这本漫画书中讲到的动物知识，都是我从科学论文里找到的哟！

主要参考文献

看，它们在吃屎！

刘全生, 王德华, 2004. 草食性小型哺乳动物的食粪行为[J]. 兽类学报, 24（4）: 333—338.

INWARD D, BECCALONI G, EGGLETON P, 2007. Death of an order: a comprehensive molecular phylogenetic study confirms that termites are eusocial cockroaches[J]. Biology letters, 3(3): 331—335.

KINGSTON T J, COE M, 1977. The biology of a giant dung - beetle (*Heliocopris dilloni*)(Coleoptera: Scarabaeidae)[J]. Journal of Zoology, 181(2): 243—263.

KRIEF S, JAMART A, HLADIK C M, 2004. On the possible adaptive value of coprophagy in free-ranging chimpanzees[J]. Primates, 45(2): 141—145.

OSAWA R, BLANSHARD W H, OCALLAGHAN P G, 1993. Microbiological studies of the intestinal microflora of the koala, Phascolarctos-cinereus. 2. Pap, a special maternal feces consumed by juvenile koalas[J]. Australian Journal of Zoology, 41(6): 611—620.

OSTHOFF G, DE WIT M, HUGO A, et al., 2007. Milk composition of three free-ranging African elephant (*Loxodonta africana africana*) cows during mid lactation[J]. Comparative Biochemistry and Physiology Part B: Biochemistry and Molecular Biology, 148(1): 1—5.

TSOUCALAS G, SGANTZOS M, GATOS K, 2016. Coprophilia-Faeces Lust in the Forms of Coprophagia, Coprospheres, Scatolia and Plasterering in Dementia Patients, Our Thoughts and Experience[J]. International Journal of Psychological and Brain Sciences, 1(3): 45.

WHIPPLE S D, HOBACK W W, 2012. A comparison of dung beetle (Coleoptera: Scarabaeidae) attraction to native and exotic mammal dung[J]. Environmental entomology, 41(2): 238—244.

对对，土也是可以吃的！

ENGBERG D E, 1995. Geophagy: adaptive or aberrant behavior[J].

HOLDØ R M, DUDLEY J P, MCDOWELL L R, 2002. Geophagy in the African

 部分资料整理: 陶雨晴。

elephant in relation to availability of dietary sodium[J]. Journal of Mammalogy, 83(3): 652—664.

MATTSON D J, GREEN G I, SWALLEY R, 1999. Geophagy by Yellowstone grizzly bears[J]. Ursus, 109—116.

REYNOLDS V, LLOYD A W, ENGLISH C J, et al., 2015. Mineral acquisition from clay by Budongo forest chimpanzees[J]. PloS one, 10(7): e0134075.

SMITH J W, ADEBOWALE E A, OGUNDOLA F I, et al., 2000. Influence of minerals on the aetiology of geophagia in periurban dairy cattle in the derived savannah of Nigeria[J]. Tropical animal health and production, 32(5): 315—327.

VOIGT C C, CAPPS K A, DECHMANN D K N, et al., 2008. Nutrition or detoxification: why bats visit mineral licks of the Amazonian rainforest[J]. PloS one, 3(4): e2011.

WOYWODT A, KISS A, 2002. Geophagia: the history of earth-eating[J]. Journal of the Royal Society of Medicine, 95(3): 143—146.

YOUNG S L, WILSON M J, MILLER D, et al., 2008. Toward a comprehensive approach to the collection and analysis of pica substances, with emphasis on geophagic materials[J]. PLoS One, 3(9): e3147.

山魈也是要看脸的！

RENOULT J P, SCHAEFER H M, SALLÉ B, et al., 2011. The evolution of the multicoloured face of mandrills: insights from the perceptual space of colour vision[J]. PLoS One, 6(12): e29117.

SETCHELL J M, CHARPENTIER M, WICKINGS E J, 2005. Sexual selection and reproductive careers in mandrills (*Mandrillus sphinx*)[J]. Behavioral Ecology and Sociobiology, 58(5): 474—485.

SETCHELL J M, DIXSON A F, 2001. Changes in the secondary sexual adornments of male mandrills (*Mandrillus sphinx*) are associated with gain and loss of alpha status[J]. Hormones and Behavior, 39(3):177—184.

SETCHELL J M, JEAN WICKINGS E, 2005. Dominance, status signals and coloration in male mandrills (*Mandrillus sphinx*)[J]. Ethology, 111(1): 25—50.

动物身上的奇葩超能力

DE SANTANA C D, CRAMPTON W G R, DILLMAN C B, et al., 2019. Unexpected species diversity in electric eels with a description of the strongest living bioelectricity generator[J]. Nature communications, 10(1): 1—10.

EDGREN R A, EDGREN M K, 1955. Experments on bluffing and death-feigning in the hognose snake *Heterodon platyrhinos*[J]. Copeia, 1: 2—4.

HOENIGSBERGER M, KOPCHINSKIY A G, PARICH A, et al., 2018. Isolation of Mandibular Gland Reservoir Contents from Bornean' Exploding Ants' (Formicidae) for Volatilome Analysis by GC–MS and Metabolite Detector[J]. JoVE (Journal of Visualized Experiments), 138: e57652.

MATTONI C I, GARCÍA-HERNÁNDEZ S, BOTERO-TRUJILLO R, et al., 2015. Scorpion sheds 'tail' to escape: consequences and implications of autotomy in scorpions (Buthidae: Ananteris)[J]. PloS one, 10(1): e0116639.

SHERBROOKE W C, MITCHELL A, SWEET K, et al., 2012. Negative Oral Responses of a Non-canid Mammalian Predator (Bobcat, Lynx rufus; Felidae) to Ocular-sinus Blood-squirting of Texas and Regal Horned Lizards', Phrynosoma cornutum and Phrynosoma solare[J]. Herpetological Review, 43(3): 386.

XU J, LAVAN D A, 2008. Designing artificial cells to harness the biological ion concentration gradient[J]. Nature nanotechnology, 3(11): 666.

ZINTZEN V, ROBERTS C D, ANDERSON M J, et al., 2011. Hagfish predatory behaviour and slime defence mechanism[J]. Scientific Reports, 1: 131.

屎还能用来干什么？

BLOWERS T, 2008. Social grouping behaviors of captive female Hippopotamus amphibius[J].

DRÖSCHER I, KAPPELER P M, 2014. Maintenance of familiarity and social bonding via communal latrine use in a solitary primate (*Lepilemur leucopus*)[J]. Behavioral ecology and sociobiology, 68(12): 2043—2058.

ESTES R D, 1991. The behavior guide to african mammals: including hoofed mammals, carnivores[J]. Primates, 1—611.

FREEMAN E W, MEYER J M, ADENDORFF J, et al., 2014. Scraping behavior of black rhinoceros is related to age and fecal gonadal metabolite concentrations[J]. Journal of Mammalogy, 95(2): 340—348.

GANZHORN J U, KAPPELER P M, 1996. Lemurs of the Kirindy forest[J]. Primate report, 46(1): 257—275.

MARNEWECK C, JÜRGENS A, SHRADER A M, 2017. Dung odours signal sex, age, territorial and oestrous state in white rhinos[J]. Proceedings of the Royal Society B: Biological Sciences, 284(1846): 20162376.

WRONSKI T, APIO A, PLATH M, et al., 2013. Sex difference in the communicatory significance of localized defecation sites in Arabian gazelles (*Gazella arabica*)[J]. Journal of ethology, 31(2): 129—140.

让人暴走的数学课

CLACK J A, 2002. An early tetrapod from 'Romer's Gap' [J]. Nature, 418 (6893): 72.

ELGIN R A, HONE D W E, FREY E. 2011. The extent of the pterosaur flight membrane[J]. Acta Palaeontologica Polonica, 56(1): 99—111.

这便便是谁拉的?

张泽钧, 杨旭煜, 吴华, 等, 2005. 大熊猫粪便宽径与咬节平均长度的关系[J]. 兽类学报, 25(4): 351—354.

BARBOZA P S, HUME I D, 1992. Digestive tract morphology and digestion in the wombats (Marsupialia: Vombatidae)[J]. Journal of Comparative Physiology B, 162(6): 552—560.

BERTOLANI P, PRUETZ J D, 2011. Seed reingestion in savannah chimpanzees (Pan troglodytes verus) at Fongoli, Senegal[J]. International Journal of Primatology, 32(5): 1123.

PAUWELS J, TAMINIAU B, JANSSENS G P J, et al., 2015. Cecal drop reflects the chickens' cecal microbiome, fecal drop does not[J]. Journal of microbiological methods, 117: 164—170.

YANG P J, CHAN M, CARVER S, et al., 2018. How do wombats make cubed poo? [C]. 71st Annual Meeting of the ASP Division of Fluid Dynamics.

请你吃我妈妈的死皮!

罗毅, 王讯, 马瑶, 等, 2017. 鸽乳的生物学功能及其生成调控[J]. 遗传, 39(12): 1158—1167.

CHEREL Y, STAHL J C, MAHO Y L, 1987. Ecology and physiology of fasting in king penguin chicks[J]. The Auk, 104(2): 254—262.

HUA Y, BEUTEL R G, GE S Q, et al., 2014. The morphology of galerucine and alticine larvae (Coleoptera: Chrysomelidae) and its phylogenetic implications[J]. Arthropod Systematics and Phylogeny, 72(2): 75—94.

JANMAAT K R L, BYRNE R W, ZUBERBÜHLER K, 2006. Primates take weather into account when searching for fruits[J]. Current Biology, 16(12): 1232—1237.

LEWDEN A, ENSTIPP M R, BONNET B, et al., 2017. Thermal strategies of king penguins during prolonged fasting in water[J]. Journal of Experimental Biology, 220(24): 4600—4611.

SIMMONS K E L, 1956. Feather-eating and pellet-formation in the Great Crested Grebe[J]. Br. Birds, 49: 432—435.

TULLOCH G, PHILLIPS C J C, 2011. The ethics of farming flightless birds[M]//The Welfare of Farmed Ratites. Springer, Berlin, Heidelberg, 1—11.

WARD A M, HUNT A, MASLANKA M, et al., 2001. Nutrient composition of American flamingo crop milk[C]//Proceedings of the AZA Nutrition Advisory Group 4th Conference on Zoo and Wildlife Nutrition. 187—193.

接孩子也是技术活

BELLAIRS A D, 1972. Crocodiles, their Natural History, Folklore and Conservation, by C.A.W. Guggisberg. David and Charles, £ 2.75[J]. Oryx, 11(6):478—479.

BOURQUIN S L, LESLIE A J, 2012. Estimating demographics of the Nile crocodile (*Crocodylus niloticus Laurenti*) in the panhandle region of the Okavango Delta, Botswana: Nile crocodile population ecology[J]. African journal of ecology, 50(1): 1—8.

FERNANDO C, KOTAGAMA S W, RENDALL A R, et al., 2021. Defense of Eggs and Chicks in the Polyandrous Pheasant-Tailed Jacana (*Hydrophasianus chirurgus*) in Sri Lanka: Sex-Roles, Stage of Breeding, and Intruder Type[J]. Waterbirds (De Leon Springs, Fla.),44(3):363—369.

HOGAN L A, JANSSEN T, JOHNSTON S D, 2013. Wombat reproduction (Marsupialia; Vombatidae): an update and future directions for the development of artificial breeding technology[J]. Reproduction (Cambridge, England), 145(6):R157—R173.

WATSON G E, 1975. Penguins: Spheniscidae[M]//Watson G E. Washington, D. C: American Geophysical Union, 63—84.

海底拳击手：雀尾螳螂虾

BRENNER M P, HILGENFELDT S, LOHSE D, 2002. Single-bubble sonoluminescence[J]. Reviews of modern physics, 74(2): 425.

DONOHUE M W, COHEN J H, CRONIN T W, 2018. Cerebral photoreception in mantis shrimp[J]. Scientific reports,8(1): 9689.

JACOBS G H, DEEGAN J F, CROGNALE M A, et al., 1993. Photopigments of dogs and foxes and their implications for canid vision[J]. Visual Neuroscience, 10(1): 173—180.

KLEINLOGEL S, WHITE A G, 2008. The secret world of shrimps: polarisation vision at its best[J]. PLoS One,3(5): e2190.

PATEK S N, CALDWELL R L, 2005. Extreme impact and cavitation forces of a biological hammer: strike forces of the peacock mantis shrimp *Odontodactylus scyllarus*[J]. Journal of Experimental Biology, 208(19): 3655—3664.

PATEK S N, KORFF W L, CALDWELL R L, 2004. Biomechanics: deadly strike mechanism of a mantis shrimp[J]. Nature, 428(6985): 819.

THOEN H H, HOW M J, CHIOU T H, et al., 2014. A different form of color vision in mantis shrimp[J]. Science, 343(6169): 411—413.

"不好，这屎上有毒！"

CLOAREC A, RIVAULT C, 1991. Age-related changes in foraging in the German cockroach (Dictyoptera: Blattellidae)[J]. Journal of Insect Behavior, 4(5): 661—673.

COCHRAN D G, 1983. Food and water consumption during the reproductive cycle of female German cockroaches[J]. Entomologia experimentalis et applicata, 34(1): 51—57.

KOPANIC JR R J, SCHAL C, 1999. Coprophagy facilitates horizontal transmission of bait among cockroaches (Dictyoptera: Blattellidae)[J]. Environmental entomology, 28(3): 431—438.

LIHOREAU M, COSTA J T, RIVAULT C, 2012. The social biology of domiciliary cockroaches: colony structure, kin recognition and collective decisions[J]. Insectessociaux, 59(4): 445—452.

LIHOREAU M, RIVAULT C, 2008. Kin recognition via cuticular hydrocarbons shapes cockroach social life[J]. Behavioral Ecology, 20(1): 46—53.

SCHAL C, GAUTIER J Y, BELL W J, 1984. Behavioural ecology of cockroaches[J]. Biological Reviews, 59(2): 209—254.

SCHAL C, HOLBROOK G L, BACHMANN J A S, et al., 1997. Reproductive biology of the German cockroach, *Blattella germanica*: juvenile hormone as a pleiotropic master regulator[J]. Archives of Insect Biochemistry and Physiology: Published in Collaboration with the Entomological Society of America, 35(4): 405—426.

SILVERMAN J, VITALE G L, SHAPAS T J, 1991. Hydramethylnon uptake by Blattella germanica (Orthoptera: Blattellidae) by coprophagy[J]. Journal of economic entomology, 84(1): 176—180.

怎样拒绝蚊子送你"红包"？

J. E. CASIDA, 1980. Pyrethrum Flowers and Pyrethroid Insecticides, Environmental

Health Perspectives Vol. 34, pp. 189—202.

Z. SYED AND W. S, 2008. Leal, Mosquitoes smell and avoid the insect repellent DEET, PNAS, vol. 105, no. 36, 13598—13603.

当山小魈变成一只蚊子

GIDDE S T R, 2021. Bioinspired Surgical Needle Insertion Mechanics in Soft Tissues for Percutaneous Procedures[Z]. ProQuest Dissertations Publishing.

LI A D R, PUTRA K B, CHEN L, et al., 2020. Mosquito proboscis-inspired needle insertion to reduce tissue deformation and organ displacement[J]. Scientific reports, 10(1):12248.DOI:10.1038/s41598-020-68596-w.

MA Y, XU J, YANG Z, et al., 2013. video clip of the biting midge Culicoides anophelis ingesting blood from an engorged Anopheles mosquito in Hainan, China[J]. Parasites & vectors, 6(1):326.DOI:10.1186/1756-3305-6-326.

OKA K, AOYAGI S, ARAI Y, et al., 2002. Fabrication of a micro needle for a trace blood test[J]. Sensors and Actuators A: Physical, 97: 478—485.

蚯蚓一分为二后，能长成两条蚯蚓吗？

QI L, GE F, ZHOU X D, 2002. On regenerative capacity of earthworm, Eisenia foetida[J]. Chinese Journal of Applied and Environmental Biology, 8(3): 276—279.

5000万年后称霸海洋！

COOPER L N, THEWISSEN J G M, HUSSAIN S T, 2009. New middle eocene archaeocetes (Cetacea: Mammalia) from the Kuldana formation of northern Pakistan[J]. Journal of Vertebrate Paleontology, 29(4): 1289—1299.

奇怪的动物园

EVANGELISTA D A, WIPFLER B, BÉTHOUX O, et al., 2019. An integrative phylogenomic approach illuminates the evolutionary history of cockroaches and termites (Blattodea)[J]. Proceedings of the Royal Society B, 286:20182076.

FLOOD P F, ABRAMS S R, MUIR G D, et al., 1989. Odor of the muskox: a preliminary investigation[J]. Journal of chemical ecology, 15: 2207—2217.

LESLIE JR D M, SCHALLER G B, 2009. Bos grunniens and Bos mutus (Artiodactyla: Bovidae)[J]. Mammalian species, 836: 1—17.

PATTERSON B D, NORRIS R W, 2016. Towards a uniform nomenclature for ground squirrels: the status of the Holarctic chipmunks[J]. Mammalia, 80(3): 241—251.

WEESNER F M, 1960. Evolution and biology of the termites[J]. Annual Review of Entomology, 5(1): 153—170.

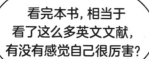